KB037659

천문학 아는 척하기

ASTRONOMY FOR BEGINNERS
Text © 2007 Jeff Becan
Illustration © 2007 Sarah Becan

Original edition published by For Beginners LLC.,USA
Korean translation rights arranged with For Beginners LLC.,USA and Fandom Books
Korea through PLS Agency(Netpublic), Korea.
Korean edition right © 2020 Fandom Books, Korea.

이 책의 한국어판 저작권은 PLS 에이전시(넷퍼블릭)을 통한 저작권자와의 독점 계약으로 팬덤북
스에 있습니다. 신저작권법에 의하여 한국어판의 저작권 보호를 받는 서적이므로 무단 전재와 복
제를 금합니다.

천문학 아는 척하기

제프 베컨 지음 | **사라 베컨** 그림 | 김다정 옮김

알아두면
사는 데 도움되는
천문학 기초 지식

팬덤북스

목차

서문

천문학은 우주에 대해 연구하는 학문이고 우주에서 가장 오래된 과학이다. 초기 인류가 태양, 달, 별, 행성 그리고 이것들이 하늘에서 만드는 패턴들을 관찰한 순간부터 천문학은 시작되었다. 천문학은 항상 '관측하는 과학'이었다.

과학은 관측을 바탕으로 하지만 관측 이외에 더 다양한 방향으로 발전했다. 관측만으로는 잘못된 결론에 도달할 수 있기 때문이다.

초기 인류가 관측을 통해 지구가 평평하다고 생각한 점을 떠올려보자. 단순 관측과는 달리 오늘날의 다양한 과학적 방법은 지구가 평평하지 않다는 것을 '증명'했다.

천문학 연구는 선사 시대에서 역사 기록의 시대로 넘어가는 수천 년 동안 순수하게 관측으로만 진행되었다. 인류학자와 고고학자 들은 글자가 발명되기 전에 일어난 일에 대해서 이러한 결론을 내렸다.

* 메소포타미아인과 천문학

기원전 3500년경, 메소포타미아의 수메르 문명이 글자를 발명하면서 역사 기록은 시작되었다. 당시 메소포타미아인은 그들이 중요하다고 생각하는 사건과 사실을 문자로 기록했다. 거기에는 천문학도 포함되어 있었고 그 내용은 상당히 정교했다.

메소포타미아인들에게 천문학이 매우 중요했던 이유는 천문학이 점성술의 영역에 있었기 때문이다. 그들은 천문학적 관측을 과학적으로 설명하기보다는 별자리 패턴이 사람의 일을 예견한다고 믿었다. 그리고 그들은 수천 년 동안 천문학과 점성술에 있어 세계 최고였다.

* 메소포타미아인에서 그리스인에게로

기원전 500년경 고대 그리스인들이 천문학에 호기심이 생기면서, 천문학 연구에 관측 이외에 새로운 요소가 추가되었다. 그것은 바로 '이론'이다.

그리스인들은 자연 현상을 토대로 자연 현상을 설명하고, 예측하고, 결론 내렸고 이로 인해 과학은 크게 도약했다. 그들은 또한 모든 것에 다양한 이론을 가지고 있었고, 새로운 이론을 제기하는 일을 국민적 오락으로 여겼다.

- 어떤 사람들은 지구가 태양 주위를 돈다고 생각했다.

- 대부분의 사람들은 태양이 지구 주위를 돈다고 생각했다.

- 어떤 사람들은 자연의 모든 것이 끊임없이 변화한다고 생각했다.

- 어떤 사람들은 모든 것이 변하지 않을 것이라고 생각했다.

그들의 논쟁과 토론은 계속되었다.

* 그리스에서 로마로

천문학을 포함한 모든 분야에서 그리스의 토론 문화와 지식은 당대 세계 최고였다. 마침 이러한 전통은 그리스에서 로마로 전해졌다.

그러나 서기 410년경에 로마 제국이 멸망하면서, 이런 지적 전통이 사라지고 암흑시대(로마제국 말기부터 서기 1000년경까지의 기간)가 시작되었다. 이것은 약 14세기가 되어서야 바뀌기 시작했다.

다행히 이론에 대한 토론 문화와 정신은 14세기 르네상스와 함께 돌아오기 시작했다. 과학이 다시 등장했고 과감하게 발전했다. 또한 후기 르네상스 사상가들은 관찰과 이론을 넘어 또 다른 중요한 요소를 강조했는데, 바로 '실험'이다. 이 시기부터 사람들은 체계적인 수단을 사용하여 그들의 '이론'을 '실험'했다. 그리하여 '과학적인 방법'이 탄생했다.

* 가장 순수한 형태의 과학

매우 간단하게 말하자면 자연 현상과 패턴을 '관측'하고 이것을 설명하기 위해서 '이론'이 만들어진다. 다음으로 이 이론들을 '실험'한다. 어떤 이론이 실험에 실패하면, 그것은 반증되고 폐기된다. 어떤 이론이 하나의 실험을 통과한다면, 다른 실험도 통과해야 한다. 만약 그것이 계속해서 더 많은 실험들을 통과한다면, 과학자들은 점점 더 그 이론이 사실일 가능성이 높다고 생각한다.

만약 어떤 이론이 모든 실험을 통과하고 더 많은 관측을 바탕으로 사실이라는 주장이 뒷받침된다면, 우리는 그 이론이 참으로 '증명'되었다고 말할 수 있다.

이 책에서 다룰 내용은 천문학, 물리학, 수학, 화학, 생물학, 지질학 등에서 알 수 있는 우주에 대한 최신 지식이다. 이 책에 제시된 이론과 이론에 대한 설명은 지금까지의 모든 실험을 통과했다. 물론 언제든지 새로운 발견, 새로운 통찰, 새로운 실험이 등장해서 이론이 수정될 수도 있다. 하지만 지금 현재는 이 이론들에 대해서 대부분의 전문가들이 확신한다(아직도 우주에 대해서 탐구해야 할 것이 많다고도 확신한다).

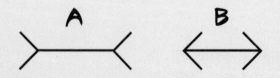

위의 그림에서 화살표를 무시하면 어느 수평선이 더 길까? 언뜻 보면 A가 B보다 길어 보인다. 하지만 자로 선의 길이를 측

정하는 간단한 실험을 하면 두 선의 길이가 똑같다는 것을 알
수 있다. 이처럼 관측을 통해서 이론을 세우고 실험으로 그 이
론을 증명하는 것이 '가장 순수한 형태의 과학'이다!

이러한 과학적 방법론은 현대 과학의 주된 도구이다. 하지
만 이보다 구체적이고 기술적인 현대 천문학의 도구는 무엇
일까?

* 망원경으로 빛을 이해하다

선사시대부터 17세기 초까지
대부분의 천문학자들이 사용했
던 주된 도구는 그들의 눈과 두뇌였다.
1609년에 최초의 망원경이 발명되었고, 망
원경은 천문학 연구에 중요한 도구가 되었다.
망원경은 멀리 있는 별과 행성의 빛을 확대시켜
천문학자들이 천체를 좀 더 가까이 관측할 수
있도록 도와준다. 망원경이 발명된 이후로 우리는
먼 우주에 있는 물체에서 나오는 빛이, 그 물체에 대해 꽤 많은
것들을 알려준다는 사실과 또한 눈에 보이는 것보다 더 많은
빛의 종류가 있다는 사실을 알게 되었다.

예를 들어, 햇빛이 삼각형 모양의 유리인 프리즘을 통과하면 무지개 색깔로 나타난다. 이것은 오래전부터 관찰되어 왔지만, 그 이유를 처음으로 이해한 사람은 영국의 물리학자 아이작 뉴턴 경Sir Isaac Newton (1642~1727)이었다.

* 뉴턴의 '이론'

일반적으로 우리의 눈에 흰색으로 보이는 백색광선은 실제로 여러 색의 광선들로 이루어져 있다. 프리즘은 이 백색광선을 굴절시키거나 반사시켜 빨강, 주황, 노랑, 초록, 파랑, 남색, 보랏빛으로 분리시킨다.

ISAAC NEWTON
〈아이작 뉴턴〉

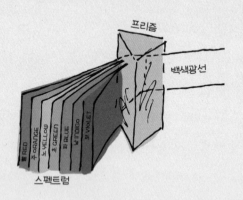

프리즘

백색광선

스펙트럼

빨간색 빛은 가장 적게 구부러지고, 보라색 빛은 가장 많이 구부러진다. 무지개는 백색광선이 빗방울이나 수증기에 의해서 굴절되어 여러 색으로 보이는 것이다. 뉴턴은 어떻게 이 모든 사실을 알아낼 수 있었을까?

* 뉴턴의 '실험'

뉴턴은 빛이 프리즘을 통과하면서 여러 색으로 굴절되지만, 그 여러 색으로 보이는 빛을 또 다른 프리즘에 다 같이 통과시키면 다시 합쳐져 백색광선으로 돌아온다는 사실을 발견했다. 뉴턴이 더 많은 실험을 거듭할수록 백색광선인 빛이 여러 색의 광선으로 이루어져 있다는 그의 이론이 더욱 확실해졌다. 우리 눈이 일반적으로 인식하는 백색광선은 사실은 모든 색의 빛이 합쳐져 있는 것이다. 다시 한 번 말하지만 우리 눈에 보이는 것이 실체가 아닐 수 있다.

* 지속적으로 핵반응을 하는 별

태양과 같은 별(항성)은 거대한 물체이다. 이들은 엄청나게 큰 질량을 압축하고 있어서 온도가 매우 높고, 이 높은 온도에 의해서 지속적으로 핵반응을 한다. 이러한 핵반응은 엄청난 양의 에너지를 *광자의 형태로 방출한다. 입자들은 파동의 형태로 이동하며, 이 파동은 크기와 파장이 다양하다.

앞에서 살펴본 것처럼 백색광은 여러 색의 스펙트럼으로 분리될 수 있으며, 각각의 색은 서로 다른 파장을 갖고 있다. 빨간색 빛은 파장이 가장 길고, 보라색 빛은 파장이 가장 짧다.

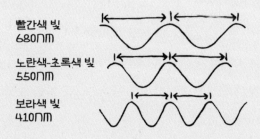

*TIP

가시광선의 파장은 한 파동의 꼭대기(마루)에서 다음 파동의 꼭대기(마루)까지의 거리로 측정한다. 'NM'은 나노미터라고 읽으며, 1미터의 10억분의 1이다.

이제 상황이 훨씬 더 흥미진진해진다. 우리가 눈으로 볼 수 있는 가시광선은 태양에서 방출되는 빛의 일부분일 뿐이다. 가

•••

*   광자: 중성자, 양성자, 전자처럼 원자보다 작은 입자

시광선보다 짧은 파장의 빛을 감마선, X선, 자외선, 가시광선
보다 파장이 긴 빛을 적외선, 마이크로파 그리고 전파라고 부
른다.

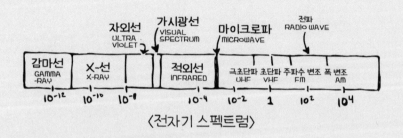

〈전자기 스펙트럼〉

이 모든 파장의 빛이 전자기 스펙트럼electromagnetic spectrum을
이룬다. 서로 다른 파장의 빛은 각자 다른 특성을 가지고 있다.
따라서 우리는 천체에서 내보내는 빛을 감지하여 특정한 빛을
방출하거나 흡수하는 천체의 다양한 정보를 얻을 수 있다.

* 우주를 알 수 있도록 도와주는 도구

표준 광학 망원경standard optical telescope은 별의 가시광선을 확대하
거나 탐지하기 위한 장치이다. 대부분의 망원경은 렌즈를 사용
하지만 *전하 결합 소자charged-coupled devices라고 불리는 일부 망원

● ● ●

* 　전하 결합 소자: 빛을 전하로 변화시켜 화상을 얻어내는 센서

경은 전산화, 디지털화되어 있다. 분광기spectroscope는 가시광선 스펙트럼을 분해할 수 있는 망원경이다. 물체가 방출하거나 흡수되는 빛의 색상 띠의 변화를 분석해 물체의 온도와 화학 조성을 알 수 있다.

거대한 위성 접시처럼 보이는 전파 망원경radio telescope은 물체의 전파 방출을 받기 위해 고안된 망원경이다. 전파를 분석하면 천체의 온도, 천체가 움직이는 속도와 방향을 알 수 있다.

〈러벨 전파 망원경〉The Lovell radio telescope

이외에도 감마선 망원경, X선 망원경, 자외선 망원경, 적외선 망원경 등이 있다. 이러한 망원경들은 지구에 있는 거대한 관측소에 설치되어 있기도 하지만 허블 우주 망원경Hubble Space Telescope과 같이 우주에 설치된 것들도 있다.

〈허블 우주 망원경〉
Hubble Space telescope

이 모든 도구들은 우리가 직접 우주 탐사를 하지 않더라도 우리가 살고 있는 우주의 많은 정보를 알 수 있도록 도와준다. 그렇다면 우리는 우리 우주에 대해서 정확히 무엇을 알게 되었을까?

제1장

빅뱅
아는 척하기

그리하여 그대 안에서 노래 부르고 명상하는 자는
아직도 우주 공간에 별들이 흩어지던
그 최초의 순간에 살고 있다.

–칼릴 지브란Kahlil Gibran《예언자The Prophet》

태초에는
모든 것이
하나였다

✳ 상상할 수 없을 정도로 작은 점

우주의 원래 상태를 '초기 특이점initial singularity'이라고 한다. 이것은 우리가 존재한다고 알고 있는 모든 것, 즉 물질, 에너지, 시간, 공간이 상상할 수 없을 정도로 작고 무한히 조밀한 하나의 점으로 존재했던 곳이다. 존재하는 모든 것을 품고 있던 이 초기 특이점은 원자보다도 작았고, 우주에는 이것 외에 다른 것은 존재하지 않았다.

만약 이 개념을 이해할 수 없다면, 그건 이 개념 자체가 이해할 수 없는 것이기 때문이다! 그 누구도 완전히 이해하지 못하고, 사실 우주의 역사를 거슬러 올라가서 초기 특이점 상태로 돌아가면 우리가 알고 있는 과학의 법칙이 본질적으로 무너진다.

초기 특이점은 대략 120~150억 년 전에 갑자기 빅뱅을 시작했고, 새로운 별들을 만들어내고 팽창하기도 하는 지금의 이 역동적인 우주를 탄생시켰다.

* 빅뱅 이후 우주의 팽창 속도는?

중력은 어떤 물체가 다른 물체를 끌어당기는 근본적인 힘 중에 하나이다. 만약 초기 우주의 팽창 속도가 물체 사이에 작용하는 중력을 벗어날 정도로 빨랐더라면, 현재 존재하는 우주, 별, 행성과 사람은 모두 존재할 수 없었을 것이다. 아마 모든 물질이 빅뱅에 의해서 무한의 세계로 흩어졌을 것이다.

스티븐 호킹 박사는 그의 책《시간의 역사》에서 이렇게 말했다.

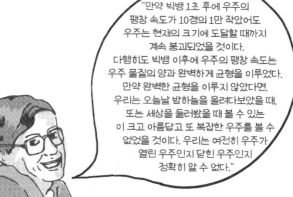

"만약 빅뱅 1초 후에 우주의
팽창 속도가 10경의 1만 작았어도
우주는 현재의 크기에 도달할 때까지
계속 붕괴되었을 것이다.
다행히도 빅뱅 이후에 우주의 팽창 속도는
우주 물질의 양과 완벽하게 균형을 이루었다.
만약 완벽한 균형을 이루지 않았다면,
우리는 오늘날 밤하늘을 올려다보았을 때,
또는 세상을 둘러봤을 때 볼 수 있는
이 크고 아름답고 또 복잡한 우주를 볼 수
없었을 것이다. 우리는 여전히 우주가
열린 우주인지 닫힌 우주인지
정확히 알 수 없다."

STEPHEN HAWKING
스티븐 호킹

- 열린 우주: 영원히 무한으로 계속해서 팽창하는 우주

- 닫힌 우주: 특이점 상태로 돌아가기 위해서 언젠가는 다시 스스

로 재붕괴하는 우주.

하지만 이를 걱정할 시점은 아직 몇십 억 년이나 남았다.

* 빅뱅은 단지 이론일 뿐일까?

맞기도 하고 아니기도 하다. 빅뱅은 이론이다. 하지만 굉장히

많은 증거로 입증되었다. 우주의 팽창은 이론이 아니고 관찰할

수 있는 현상이다. 시간이 지날수록 우주가 팽창한다는 것은 시

간을 거꾸로 돌리면 우주의 역사를 추적할 수 있다는 것이고, 이로 인해 우주가 하나의 점에서 시작했다는 것을 상상할 수 있다.

20세기 초에 빅뱅을 탐구하던 천문학자와 물리학자 들은 초기 우주가 굉장히 많은 물질과 에너지가 함께 뭉쳐져서 매우 뜨겁게 밀집해 있었기 때문에 핵반응이 모든 곳에서 한꺼번에 일어났을 것이라고 추론했다. 핵반응은 입자 형태의 방사선을 방출한다.

만약 이 모든 것이 사실이라면, 우리는 빅뱅에 의한 방사선의 잔열을 우주 곳곳에서 탐지할 수 있어야 한다. 천문학자와 물리학자 들은 몇십 억 년이 지난 지금쯤은 이 방사선이 절대온도 '0'도보다 조금 높은 온도로 냉각되어야 한다고 예측했다.

★TIP. 절대온도 0도는 이론적으로 가장 낮은 온도야.

20세기 초 천문학자들은 방사선을 탐지할 기술이 없었다. 그래서 당시에는 빅뱅 이론이 괜찮은 이론으로는 여겨졌지만 증명되지는 않았었다.

수십 년 후인 1965년에 태양계 너머에서 오는 고주파 전파radio wave를 탐지할 수 있는, 극도로 민감한 전파 망원경이 발명되었다. 이 전파 망원경으로 탐지한 우주 전파는 모든 방향과 모든 각도로 동시에 방출되는 등방성isotropic의 파였다.

게다가 방사선 온도는 절대온도 0도보다 약 2.7도 높았는데, 이것은 이론

적 추정치와 굉장히 가깝다. 이 방사선은 현재 우주 마이크로파 배경 방

사선cosmic microwave background radiation으로 알려져 있으며, 빅뱅이 발생했다는

증거로 여겨진다.

물질이
나타나다!

* 순수한 에너지에서 물질이 생성되다

빅뱅이 일어난 직후에도 우주는 여전히 빽빽하게 채워져 있어서 모든 것이 에너지 덩어리 형태로 존재했을 것이다. 하지만 우주가 급속도로 팽창하면서 냉각되고 다른 물리적 변화도 일어났다. 액체 상태의 물이 냉각되면서 고체 얼음으로 변하는 과정과 유사하다.

빅뱅이 일어나고 첫 1초 이내에 등장한 것은 입자를 이루는 기본 요소 쿼크quark였다. 다양한 전하를 띤 쿼크가 다양한 조합으로 결합하여 양성자proton와 중성자neutron의 아원자 입자

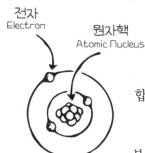

전자
Electron

원자핵
Atomic Nucleus

subatomic particle를 형성했다. 그 후 3분 동안 우주가 계속 냉각되자 이 양성자와 중성자는 서로 결합하여 원자핵atomic nuclei을 형성했다.

이러한 일들은 모두 빅뱅 이후 3분 안에 발생했다. 하지만 전자electron의 아원자 입자들이 원자핵 주위를 둘러싸기에 충분할 정도로 우주가 팽창하고 냉각되기까지는 수십만 년이 걸렸다. 그리고 마침내 첫 번째 전자가 첫 번째 원자핵 궤도에 결속되면서, 물질의 근본적인 입자, 원자atom가 처음으로 만들어졌다.

〈알버트 아인슈타인〉

"만약 순수한 에너지에서 물질이 생성되는 것이 이해하기 어렵다면 내가 다시 설명해보겠네. 나는 특수 상대성 이론에서 여러분이 한 번쯤은 들어봤을 방정식 하나를 생각해냈지. 그게 바로 E=mc2 이지. 이 식은 에너지(E)가 질량(m)과 빛의 속도(c)의 제곱의 곱과 같다는 의미네. 그리고 이 식은 물질과 에너지가 마치 동전의 양면처럼 형태는 다르지만 실체는 하나라는 것을 말하고 있지.

예를 들어, 별 내부에서 일어나는 핵폭발 때에 작은 원자들은 새로운 원자를 형성할 수 있을 정도의 높은 온도로 가열되지. 하지만 그 과정에서 원래 원자의 일부분이 연소되고 엄청난 양의 에너지가 빛으로 방출된다네.

반대로 초기 우주의 순수한 에너지는 팽창하고 냉각되면서 물질로 변형되었지. 간단히 말해서 에너지는 지극히 뜨거운 물질이고, 물질은 얼어붙은 에너지라고 말할 수 있다네. 멋지지!"

* 최초의 별

다양한 조합의 양성자, 중성자, 전자는 다양한 종류의 원자atom 또는 원소element를 만들어냈다. 빅뱅이 있고 약 10억 년 후에 가장 단순한 구조이면서 양이 많았던 수소와 헬륨 원소는 응축되어 기체 분자구름, 즉 성운nebulae(라틴어로 '구름')을 형성했다. 결국 이 분자구름 속의 수소와 헬륨 원자가 중력에 의해 스스로 붕괴되면서 최초의 별이 생겨났다.

별 내부의 강한 압력과 온도는 끊임없이 핵반응을 일으키면서 수소 원자를 태워 헬륨을 형성하고, 엄청난 양의 에너지와 빛을 낸다. 그러나 별이 노년에 접어들면서(별의 종류는 별의 나이

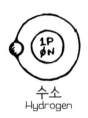

수소
Hydrogen

헬륨
Helium

에 따라 달라진다) 이러한 과정이 점점 불안정해진다.

불안정해진다는 것은 헬륨 원자가 탄소, 질소, 산소, 실리콘, 철과 같이 더 무거운 원소로 융합된다는 의미이다. 이러한 원소들은 행성과 생명체의 구성 요소들이다.

죽어가는 거대한 별을 초신성 Supernova 이라고 하는데, 이 무거운 원소들은 초신성이 폭발할 때 우주로 흩어져 우리가 살고 있는 세상을 만든다.

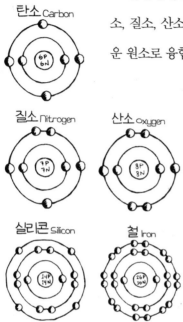

탄소 Carbon

질소 Nitrogen

산소 Oxygen

실리콘 Silicon

철 Iron

환상적인 네 가지 힘

✷ 빅뱅에 의해 생겨난 힘

물리학자들은 우주에는 빅뱅에 의해서 생겨난 네 가지 근본적인 힘이 있다는 것을 발견했다. 다양한 물질에 작용하는 이 힘 중에 가장 강한 것은 '강한 핵력strong nuclear force'으로, 쿼크를 결합하여 '양자'와 '중성자'를 만들고 양자와 중성자를 결합시켜 '원자핵'을 만든다.

핵력 다음으로 강한 힘은 '전자기력electromagnetic force'이다. 전자기력은 원자핵 주위에 전자를 결합시켜 '원자'를 만드는 역할을 한다.

그 다음은 '약한 핵력weak interaction'으로 약한 핵력은 원자핵을 자연적으로 분해해서 아원자 입자 형태의 방사성 에너지를 방출하게 한다.

놀랍게도 우주에서 가장 약한 힘은 원자 무리에서 은하에 이르기까지 큰 물질을 서로 끌어당기는 '중력gravity'이다. 나머지 세 가지 힘은 중력보다 강하지만 아주 짧은 거리에서만 작용한다.

이와는 대조적으로 중력은 가장 약한 힘이지만 작용 범위가 무한하다. 예를 들어 중력은 작은 원자를 결합시킬 만큼 충분히 강하지는 않지만, 태양에서 수억 마일이나 떨어져 있는 태양계 행성들이 태양 주위를 일정한 궤도로 돌 수 있게 한다(뒷장에서 중력에 대해 더 많은 것을 배울 것이다!).

* 아직도 미스터리한 암흑 에너지

물론 우리가 아직도 이해하지 못하는 우주의 특성이 훨씬 더 많다. 예를 들어 우리 은하뿐만 아니라 근처의 많은 은하들을 관찰한 결과, 중력에 의해서 이 거대한 시스템이 현재 상태와 같이 결합되었다고 설명하기에는 눈에 보이거나 존재하는 것으로 알려진 물질의 양이 충분하지 않다.

따라서 천문학자들은 '암흑 물질Dark Matter'이라는 신비하고 감지되지 않는 물질이 우리 우주에 있는 물질의 90퍼센트를 차지할 수도 있다고 믿는다.

좀 더 최근에는 우리 우주의 팽창을 관찰하는 도중에 예상하지 못했던 또 다른 현상을 발견했다. 전에는 우주에 있는 모든 물질들 간의 중력 효과가 결국에는 우주의 팽창 속도를 늦출 것이라고 예상했었다. 하지만 우주는 오히려 점점 더 빠르게 팽창하고 있다! 이 가속력의 원인은 우리에게 여전히 미스터리로 남아 있는 '암흑 에너지Dark Energy'라고 알려져 있다. 암흑 에너지는 우리 우주 전체 에너지의 3분의 2를 차지한다!

제2장
태양계 solar system
아는 척하기

은하 Galaxies는 1백만~1조 개의 별을 포함하고 있으며, 우주는 무려 1천
억 개의 은하를 포함하고 있다. 우리가 은하수 Milky Way라고 부르는 나선
은하의 왼쪽 팔, 분자구름 안에 우리 태양계가 있다.

태양계의 기원과 형성

＊ 오늘날까지 널리 알려진 칸트-라플라스 성운 가설

약 50억 년 전, ＊원시 성운primordial nebula의 중심이 붕괴되기 시작했고 우리의 별인 태양을 만들어냈다. ＊＊원시성proto-star 형태의 태양이 만들어지고 나서, 원래 성운 물질의 약 5퍼센트 정도가 남아 원시성 주위를 계속해서 돌다가 결국 행성으로 응축되었다.

...

＊　원시 성운 : 항성 형성의 모체가 되는 성운
＊＊　원시성 : 원시별, 우주에 존재하는 성간 물질이 중력에 의해서 수축되면서 새로 만들어지는 별

프랑스 천문학자 겸 수학자 피에르시몽
드 라플라스 후작 **Pierre Simon, Marquis de Laplace**
(1749~1827)과 독일 철학자 임마누엘 칸트
Immanuel Kant (1724~1804)는 오늘날 가장 널
리 받아들여지는 태양계의 기원과 형
성 이론을 각자 독립적으로 생각해냈다.

피에르시몽 드 라플라스 후작

임마누엘 칸트

칸트-라플라스 성운 가설은 태양계가 곧바로
현재 상태로 만들어졌다기보다, 가스와 먼
지로 이루어져 회전하는 초기 원시 상태의
성운에서 진화했다고 주장한다. 태양은 태
양 성운의 중심이 중력에 의해서 스스로 붕
괴되면서 형성된 반면, 행성과 그 위성은 원래 토성의 고리와
같은 태양 주변의 원반이 응축된 것이라고 추론했다.
원시 태양 성운은 원래 하나로 함께 회전했고, 그 속에서 태양
과 행성이 생겨났기 때문에 행성들과 그 중심에 있는 태양이
같은 방향으로 돌고 있다고 생각했다.

✱ 태양계의 중심에 있는 태양은 평범한 항성

태양 중심부의 온도는 화씨 29,000,000도(섭씨 16,000,000도)에 이른
다. 끊임없는 핵반응이 수소 원자를 헬륨으로 만들고, 초당 약

1,000억 개의 핵폭탄에 해당하는 에너지를 낸다! 이 에너지가 태양핵의 밀도와 압력으로부터 벗어나려면 수백만 년이 걸리지만, 그것을 벗어나는 직후 빛의 속도로 이동하여 태양계 전체에 에너지를 공급한다.

"태양의 질량은 태양계 전체 질량의 99퍼센트이며, 부피는 지구의 약 1,250,000배이다. 지구와 다른 행성들이 태양 주위를 공전할 때, 태양은 우리 은하의 중심을 시간당 50만 마일 이상의 속도로 공전한다."

★TIP

지구가 태양 주위를 공전하는 데는 1년이 걸리지만, 태양이 은하 중심을 공전하는 데는 2억 5천만 년 이상이 걸린다.

〈아이작 뉴턴〉

"다른 주제로 넘어가기 전에, 중력이 태양계를 어떻게 지탱하는지 조금 더 알아보자. 내가 어느 날 오후, 영국의 한 사과 과수원에 앉아 있을 때, 사과나무에서 떨어지는 사과를 우연히 보았어.

그때 나는 사과를 땅으로 끌어내리는 힘이 행성이 일정한 궤도를 따라 태양 주위를 돌게 하는 힘과 같은 것이라는 걸 깨달았지. 그래서 행성은 태양계 밖으로 날아가지 않는 거야!

하지만 행성이 태양에 충돌하지 않는 이유는 다른 요인, 즉 *운동량 Momentum 때문이야.

좀 더 자세히 설명해보자면, 우리가 우주로 나가서 태양의 중력이 작용하는 곳에 사과를 부드럽게 놓았다고 상상해보자고. 시간이 지남에 따라 사과는 태양 쪽으로 끌려가게 될 거야.

하지만 만약에 우리가 그 사과를 엄청난 속도로 태양계 바깥쪽으로 던진다면, 사과는 태양계에 있는 다른 모든 행성과 마찬가지로 태양의 중력과 균형을 이루는 어떤 궤도를 따라 돌게 되겠지.

•••

* 운동량: 태양의 중력에 역행하는 행성의 이전 운동 상태

태양계 첫 번째 행성, 수성

☀ 태양계에서 가장 작은 행성

수성Mercury, 머큐리은 태양계의 첫 번째 행성으로, 바위가 많고 달 같은 표면이 빛을 반사하기 때문에 지구에서 보았을 때 대부분의 별들보다 더 밝게 보인다. 수성의 지름은 지구의 3분의 1보다 약간 작으며 태양계에서 가장 작은 행성이다.

수성에서의 일 년은 꽤 빨리 지나간다. 지구가 태양 주위를 도는 데는 약 365일이 걸리지만, 수성이 태양 주위를 도는 데는 약 88일밖에 걸리지 않는다. 또한 수성에서의 하루는 꽤 느리다. 지구는 24시간마다 한 번씩 자전하지만 수성은 약 58일에 한 번만 자전한다.

수성은 자전 속도가 매우 느리고 태양과 아주 가깝기 때문에 낮과 밤에 사이에 엄청난 온도 변화를 겪는다(수성은 태양으로부터 약 3천 6백만 마일(5천 8백만 킬로미터) 정도 떨어져 있다). 태양을 마주보는 수성의 낮 기온은 화씨 430도(섭씨 430도) 정도이고, 태양을 마주보지 않는 수성의 밤 기온은 화씨 −290도(섭씨 −180도)까지 내려간다.

★TIP

"수성(Mercury 머큐리)이라는 이름은 로마인들의 신들 중, 여행, 상업, 도둑, 간교함의 신인 나, 머큐리에서 왔어. 나는 신들의 전령이고, 내 샌들과 모자에는 날개가 달려 있어서 마치 하늘에서 수성이 그렇듯이 빠르고 날렵하지."

지구에서
가장 가까운 행성,
금성

* 태양계의 두 번째 행성

금성Venus, 비너스은 태양으로부터 약 6천 7백만 마일(1억 8천만 킬로미터) 떨어진 곳에 있는 태양계의 두 번째 행성이다. 태양의 궤도를 도는 데 약 225일이 걸리고, 축을 중심으로 자전하는 데는 공전보다 긴 약 243일이 걸린다. 금성은 지구와 가장 가까운 행성이다.

금성의 크기는 지구와 대략 비슷하지만 지구보다는 약간 작다. 금성의 표면은 대부분 구름층으로 덮여 있어서 태양으로부터 오는 빛의 약 80퍼센트를 반사시킨다. 이 때문에 지구에서 보이는 모든 행성들 중에서 금성이 가장 밝게 보인다. 금성의 위치에 따라서 때로는 지구에서 가장 밝은 항성으로 보이는 시리우스보다 12배 정도 밝게 보이기도 한다.

구름 층(진한 황산으로 된) 아래 금성의 표면은 뜨겁고 화산활동이 활발히 이뤄지고 있다. 약 5억 년 전의 금성은 대기의 대부분이 이산화탄소였고, 그 아래 표면은 용암으로 뒤덮여 있는 굉장히 활동적인 화산의 시기를 거쳤을 것이라고 추측된다. 온실가스로 알려진 이산화탄소는 금성의 대기에 태양열을 가두어 화씨 약 858도 (섭씨 459도)의 일정한 표면 온도를 유지하게 한다.

지구에서 금성은 태양과의 상대적인 위치에 따라 때로는 아침에 보이기도 하고, 때로는 저녁에 보이기도 한다. 그래서 옛날 사람들은 이를 두 개의 다른 별로 생각했었다.

아침을 불러오는 별이라고 생각했던 '아침별', 빛의 전령 루시퍼Lucifer와 저녁별, 로마의 사랑과 미의 여신인 비너스Venus는 사실 같은 것이다!

★TIP

우리나라에서도 아침에 뜨는 금성을 *샛별 또는 계명성(啓明星), 저녁에 뜨는

•••

* 새벽별

금성을 **개밥바라기별 또는 태백성太白星이라고 부르고 서로 다른 별로 생

각했었다.

···

태양계의
세 번째 행성,
지구

* 지구에 영향을 미친 '후기 운석 대충돌'

우리 지구Earth 는 태양으로부터 약 9천 3백만 마일(1억 5천만 킬로미터) 떨어진 곳에 있는 태양계의 세 번째 행성이다. 지구에서 태양까지의 평균 거리를 천문 단위astronomical unit, AU라고 하며 천문학적 거리의 척도로 사용한다.

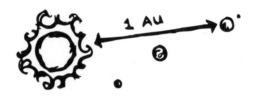

약 45억 년 전, 초기 태양계의 파편이 지구에 영향을 미친 후기 운석 대충돌Late Heavy Bombardment의 시기가 있었을 것으로 추정된다. 어린 지구와 충돌한 파편 중 하나는 적어도 화성 크기만 한 떠돌이 행성 또는 미행성체였을 가능성이 매우 높다. 그 시기에 지구는 여전히 얇은 겉껍질을 가지고 있었고, 그 아래가 대부분이 녹아 있는 행성이었다. 따라서 강력한 충돌에 의해 지구의 지각과 맨틀 상당 부분이 우주로 튕겨나가고, 이렇게 녹은 바위 파편들이 지구 중력의 영향권에서 서로 합쳐지고 굳어지면서 달이 된 것으로 추정된다.

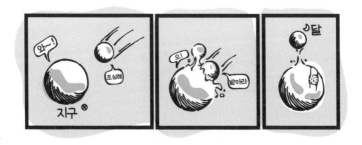

그 후 달은 지구에서 서서히 멀어져갔고, 지금도 매년 1.5인치 정도의 속도로 계속해서 멀어지고 있다. 후기 운석 대충돌의 혼란스러운 시기는 태양계의 많은 이상한 점들을 깔끔하게 설명해준다(태양계는 거대한 당구 게임을 닮았다).

예를 들면, 우리는 태양계가 원래 하나의 회전 성운에서 나왔다고 생각하기 때문에 당연히 태양계의 모든 행성들이 같은 방향으로 공전할 것으로 생각한다(실제로도 그렇다). 또한 모든 행성들이 같은 방향으로 자전할 것이라고 예상하는데, 대부분의 행성들이 같은 방향으로 자전하긴 하지만 모든 행성의 자전 방향이 같지는 않다. 금성은 다른 행성과 반대 방향으로 자전하고, 천왕성은 궤도 평면에서 90도로 기울어져서 자전한다. 그러므로 이 두 행성은 일반적인 규칙에서 예외다.

하지만 태양계의 행성들이 떠돌이 행성과 충돌했다고 생각하면 행성들의 예외적인 움직임을 쉽게 이해할 수 있다.

붉은 행성,
화성

✳ 건조한 붉은 사막의 땅, 화성

지구를 지나 태양에서 1.5AU 정도 떨어진 곳에, 태양계의 4번
째 행성인 화성MARS, 마르스을 볼 수 있다. 화성은 건조한 붉은 사막
의 땅으로 지름은 지구의 절반 정도이다.

　화성이 자전하는 데는 지구와 매우 비슷한 약 24.5시간이
걸리지만, 태양을 공전하는 데는 지구보다 훨씬 더 긴 시간 약
687일이 걸린다.

　지금은 바위투성이 행성으로 보이는 화성은 한때 화산활동
이 활발했다. 지금은 사화산이 되었지만 태양계에서 가장 큰 화

산이 화성에 있다. 올림푸스 화산은 가로 370마일(595킬로미터), 높이 15마일(24킬로미터)로 에베레스트산 높이의 약 3배이다!

화성은 만년설이 있는 두 개의 극지방이 있다. 대기는 주로 이산화탄소로 이루어져 있지만 아주 적은 양의 수증기와 산소도 있다. 화성은 작고 이상한 모양의 두 개의 위성, 포보스와 데이모스를 가지고 있다. 지름이 약 13마일(20킬로미터)인 포보스와 지름이 약 7.5마일(12킬로미터)인 데이모스는 오래전에 화성의 궤도에 갇힌 소행성이다.

포보스
Phobos

데이모스
Deimos

★TIP

이 붉은 행성의 이름은 로마의 전쟁의 신 마르스MARS에서 왔다. 화성의 두 위성은 마르스의 두 아들, 두려움fear을 나타내는 포보스Phobos와 공포panic를 의미하는 데이모스Deimos의 이름을 따른다.

행성보다 더 작고
바위가 많은
소행성들

✽ 화성과 목성 사이에서 볼 수 있는 소행성

소행성Asteroids이라고 불리는 작은 행성은 행성보다 더 작고 바위가 많은 물체인데, 아마도 격동적인 태양계 생성 초기에 생겨난 것으로 보인다.

　대부분의 소행성은 지름이 1마일(약 1.6킬로미터) 미만에서 약 600마일(1000킬로미터)까지 그 크기가 다양하며, 태양에서 약 2.3AU 떨어진 화성과 목성 사이에서 많이 볼 수 있다.

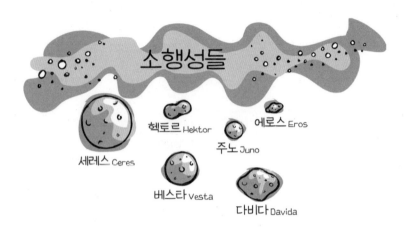

소행성들

세레스 Ceres
헥토르 Hektor
에로스 Eros
주노 Juno
베스타 Vesta
다비다 Davida

　대부분의 소행성들은 특이한 행동을 하지 않고 태양 공전 궤도를 돈다. 하지만 일부 소행성이 지구 근처를 지나가고, 가끔은 지구 대기권으로 들어와 부딪히는 경우도 있다. 이렇게 충돌한 소행성의 대부분은 그 크기가 작아서 지구에 큰 피해를 주지는 않았다. 하지만 먼 미래에 지름이 0.5마일 이상인 소행성 2천여 개가 지구와 충돌할 가능성이 있을 것으로 예상하고 있다.

　약 6천 5백만 년 전, 지름이 약 6마일(10킬로미터)인 소행성 하나가 지구와 충돌했고, 이로 인해서 지구에 존재했던 공룡들이 멸종한

우리 가까이로 오는군.

것으로 알려져 있다. 이 거대한 충돌로 수조 톤에 달하는 충돌 잔해들이 지구 대기를 뒤덮었는데, 이 상태가 몇 달 동안 지속되면서 태양으로부터 오는 빛과 열을 차단했고, 결국 지구 전체에 빙하기를 초래하기도 했다. 지질학적 기록에서도 그 증거를 찾아볼 수 있는데, 1997년에 멕시코의 유카탄 반도에서 이 충돌에 의한 분화구가 발견되었다. 이 발견으로 소행성 충돌에 의한 공룡 멸종설이 거의 확실시되었다.

다행히 이 엄청난 충돌은 아마 1억 년에 한 번 정도밖에 일어나지 않을 것이다.

태양계에서 가장 큰 행성, 목성

* 대부분 가스로 이루어진 목성

소행성대asteroid belt 바로 옆에 태양으로부터 5AU 떨어진 곳에는 태양계의 다섯 번째 행성인 목성Jupiter, 주피터이 있다.

목성은 태양계에서 가장 큰 행성으로 그 부피가 지구의 약 1,400배이다. 작고 바위가 많은 내행성들(수성, 금성, 지구, 그리고 화성)과는 달리, 목성과 같은 외행성들은 크고 대부분 가스로 이루어져 있다. 천문학자들은 목성 내부에 단단한 암석과 철로 구성된 작은 핵(코어)이 있다고 믿는다. 이 핵은 액체 금속 수소Liquid metallic hydrogen의 바다에 둘러싸여 있는데, 이것은 또 엄청난 가스 대기로 둘러싸여 있다. 목성의 대기는 주로 수소와 헬륨 기체로 이루어져 있고 이 기체들은 항성을 구성하는 원소다. 이로 미루어 목성은 태양을 만들어냈던 초기 원시 성운에서 바로 남겨진 것으로 추정된다. 만약 목성이 지금보다 80배 정도 더 컸더라면, 핵반응을 일으킬 만큼 충분히 컸을 것이고, 우리 태양계의 두 번째 항성이 되었을 것이다!

목성은 태양 주위를 도는 데 거의 12년이 걸리지만, 자전하는 데는 약 10시간밖에 걸리지 않는다. 유달리 빠른 자전 속도 때문에 좋은 망원경으로 관찰하면 목성 적도 부근이 불룩해져 있는 것을 선명하게 볼 수 있다.

* 갈릴레이 위성 4개

망원경으로 목성을 보았을 때 보이는 밝은 색과 어두운 색의 띠들은 목성의 대기 흐름에 의해서 생겨난 것이다. 목성의 대기에는 얼어붙은 암모니아와 메탄 구름이 끊임없이 소용돌이치고 있다. 목성의 바깥쪽 표면 가스는 강풍과 강한 번개를 동반하는 거친 태풍 형태의 난기류이다.

목성의 *대적점Great Red Spot은 지구 크기의 2배만 한 태풍이

• • •

* 대적점: 목성 표면에 보이는 암적색의 타원형 무늬

다! 태양계에서 가장 거대한 태풍으로 시속 270마일(435킬로미터)에 이르는 바람을 동반하는데, 적어도 3세기 동안 사라지지 않고 위력을 펼치고 있다.

그리고 목성은 근처의 소행성대에서 떨어져 나온 것으로 추정되는 고형의 바위 입자들로 이루어진 작은 고리에 둘러싸여 있다. 목성은 최소 16개의 위성을 가지고 있는데, 그중 4개는 수성과 유사한 크기다(그 4개의 위성은 쌍안경으로도 쉽게 볼 수 있다). 이 4개의 위성은 1620년에 이 위성들을 발견한 갈릴레오 갈릴레이Galileo Galilei(1564~1642)의 이름을 따서 갈릴레이 위성이라고 부른다.

<갈릴레이 위성>

- 이오Io: 험악한 활화산으로 이루어진 바위투성이의 위성.

- 유로파Europa: 얼음으로 둘러싸인 외관에 얇은 산소 층의 대기가 있는 위성. 얼음 표면 밑에는 거대한 바다가 있을 것으로 예상되며 생명체가 존재할 가능성도 있다!

- 가니메데Ganymede와 칼리스토Callisto: 가장 큰 2개의 위성으로 4개의 갈릴레이 위성 중에 가장 바깥쪽에 있으며, 둘 다 분화구로 뒤덮인 얼어붙은 땅이다.

★TIP

"행성들의 왕인 목성(Jupiter 주피터)의 이름은 로마 신들의 왕

인 나, 주피터Jupiter의 이름에서 왔지. 목성을 공전하는 위

성들의 이름은 대부분 내가 사랑했던 여자들의 이름에서

따왔어."

20개의 위성으로
둘러싸인
토성

* 두 번째로 큰 행성

토성Saturn, 새턴은 태양으로부터 약 10AU 떨어진 태양계의 여섯 번째 행성으로, 목성 다음으로 두 번째로 크다. 토성의 부피는 지구 부피의 약 800배에 달한다.

토성은 목성처럼 공전 주기가 길고(지구에서의 약 30년) 자전 주기가 짧다(약 10시간). 토성을 구성하는 물질도 목성과 비슷하다. 고체핵, 액체수소로 이뤄진 바다, 주로 수소와 헬륨으로 구성된 대기, 먹구름과 대기 흐름의 밝은 띠를 갖고 있다.

1610년 갈릴레오는 토성의 밝은 고리가 얼어붙은 가스와 바위와 얼음으로 이뤄져 있다는 것을 발견했다. 지금도 좋은 망원경으로 보면 토성의 고리를 선명하게 볼 수 있다.

토성은 약 20개의 위성으로 둘러싸 여 있다. 이것들 중에 가장 크고 흥미로운 위성이 타이탄TITAN 인데, 타이탄은 수성보다도 크

타이탄Titan

고 화성과 거의 맞먹는 크기이다. 타이탄의 대기는 매우 두껍고, 지구의 대기와 마찬가지로 대부분 질소로 이루어져 있다. 구름 아래에는 바위와 얼음으로 이루어져 있으며, 유로파Europa 처럼 생명체가 있을 가능성이 있다.

*TIP

"두 번째로 큰 행성 토성(Saturn 새턴)의 이름은 *타이탄인 내 이름 새턴SATURN을 따서 지어졌어. 내 아들 주피터가 나를 넘어서면서 물러나긴 했지만, 그전까지 나는 신들의 아버지였고 우주의 왕이었지. 토성의 위성인 아틀라스Atras, 레아Rhea와 히페리온Hyperion 등은 다른 타이탄들의 이름이지. 토성의 다른 위성들의 이름도 신화에 나오는 다양한 인물들의 이름에서 따왔어."

• • •

* 타이탄: '티탄'이라고도 한다. 그리스 로마 신화의 거인족, 올림포스 12신들의 조상이다

푸르스름한 초록빛의 천왕성

✱ 15개의 작은 위성과 9개의 고리로 둘러싸인 천왕성

일곱 번째 행성인 천왕성Uranus, 우라노스은 태양으로부터 약 19AU 떨어져 있다. 천왕성은 가스로 이루어진 다른 큰 행성들처럼 주로 수소와 헬륨으로 구성되어 있지만, 대기의 상당한 양이 메탄이고 이로 인해서 푸르스름한 초록색 빛을 띤다.

천왕성은 태양계에서 세 번째로 큰 행성으로 지구에 약 64배에 달하는 부피를 가지고 있다. 또한 15개의 작은 위성뿐만 아니라 먼지, 바위, 얼음으로 이루어진 희미한 9개의 고리에 둘러싸여 있다. 천왕성의 하루는 17시간이고 태양을 공전하는데 걸리는 시간은 84년이다.

* 천왕성 이름의 비밀

타이탄 족이 신들을 낳기 전에 지구와 하늘이 타이탄들을 낳았다. 그리스인들은 어머니 지구를 가이아Gaea, 아버지 하늘을 우라노스Uranus라고 불렀다. 천왕성의 이름은 이 우라노스Uranus에서 왔다. 천왕성의 위성 이름은 신화에 나온 인물의 이름을 따서 지은 다른 행성들의 위성들과는 달리, 셰익스피어 극의 등장인물들에서 왔다.

윌리엄 허셜
Sir Willian Herscher

천왕성은 1781년 영국의 천문학자 윌리엄 허셜 경Sir Willian Herschel (1738~1822)이 처음 발견했으며, 한동안 허셜 행성으로 불렸다(이게 더 좋은 이름이지 않을까!).

호기심을
자극하는
해왕성

* 가장 강한 바람이 부는 해왕성 표면

여덟 번째 행성인 해왕성Neptune, 넵튠은 태양으로부터 약 30AU 떨어져 있으며, 크기와 색깔, 구성이 천왕성과 매우 유사하다. 해왕성은 태양계에서 네 번째로 큰 행성이며, 부피가 지구의 약 58배이다.

대기도 천왕성과 유사하게 주로 수소와 헬륨으로 구성되어 있고, 메탄에 의해서 밝은 파란색 빛을 띤다. 해왕성 표면에 시속 1,500마일(2,400킬로미터)의 폭풍이 몰아치는데, 이는 태양계에서 가장 강한 바람이다. 해왕성은 16시간에 한 번 자전하고, 165

년에 한 번 태양 주위를 공
전한다. 해왕성은 먼지
로 이루어진 5개의 고
리와 8개의 작은 위성
을 가지고 있다.

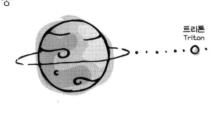

트리톤
Triton

그중에서 가장 큰 위성인 트리톤Triton은 대기가 질소로 이루
어져 있다. 활동적인 *간헐천이 있으며, 생명체가 존재할 가능
성이 있어 우리의 호기심을 자극하는 얼음 세상이다.

＊TIP

밝은 푸른빛의 해왕성(Neptune 넵튠)은 로마 바다의 신, 넵튠
Neptune의 이름을 따서 지어졌다. 해왕성 위성 이름의 대
부분은 트리톤Triton과 프로레우스Proteus와 같이 다른 바다
의 신들 이름을 따서 지었거나 나이아드Naiad와 네레이드
Nereid같이 물속에 사는 요정들의 이름에서 왔다.

•••

＊ 간헐천 : 뜨거운 물과 수증기, 또는 기타 가스를 간헐적으로 분출하는 온천

이제 행성의 역사에서 사라진 명왕성

✻ 카이퍼 벨트에서 가장 크고 강력한 물체

명왕성Pluto, 플루토은 이제 더 이상 태양계의 아홉 번째 행성이 아니다. 명왕성은 태양으로부터 약 39AU 떨어져 있고 가벼운 메탄으로 이루어진 대기와 누런 바위투성이의 표면을 가지고 있다.

명왕성의 지름은 지구의 5분의 1 정도, 또는 달의 3분의 2 정도 된다. 자전하는 데는 6일이 걸리고, 태양을 한 바퀴 도는 데는 250년이 걸린다.

명왕성에는 카론Charon 이라는 큰 위성이 있는데, 크기는 명왕성과 비슷하다. 이외에도 2005년에 닉스Nix 와 히드라Hydra 라

는 두 개의 작은 위성이 발견되
었다.

카론

황도Ecliptic 는 지구를 비롯한
우리 태양계의 모든 행성의 일반적인
궤도 평면이다. 하지만 명왕성의 궤도는 황도면으로부터 약 17
도 각도로 기울어져 있다. 이로 인해서 가끔 명왕성이 해왕성
보다 태양 더 가까이 있기도 한다.

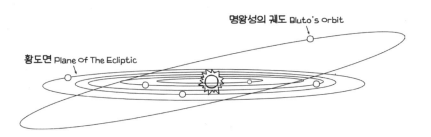

명왕성의 궤도 Pluto's Orbit

황도면 Plane Of The Ecliptic

명왕성은 매우 작고 궤도가 기이하기 때문에 천문학자들은
몇 년 동안 명왕성을 태양계 행성으로 포함시킬지 여부를 고
민했다. 태양계의 경계로 알려진 태양으로부터 30~100AU 사
이에는 대부분의 행성보다 훨씬 작고 대부분의 소행성보다는
훨씬 큰, 바위와 얼음형 천체들의 *카이퍼 벨트Kuiper belt가 있다.

• • •

* 카이퍼 벨트: 상당히 중요한 사람이라는 뜻 '파이퍼'의 음을 따서 지어진 이름

2006년 국제천문연맹은 결국 명왕성을 태양계 행성으로 보지 않기로 결정했다. 명왕성은 더 이상 태양계의 가장 작은 행성은 아니지만, 카이퍼 벨트에서 가장 크고 가장 강력한 물체다.

★TIP

명왕성(Pluto 플루토)의 이름은 로마의 죽음의 신, 플루토Pluto의 이름에서 왔다. 명왕성의 동반자인 카론Charon은 죽은 자의 영혼이 저승으로 가기 위해 건너야 하는 한탄의 강에서, 죽은 이를 데려가는 뱃사공의 이름을 딴 것이다.

행성
보기

＊ 행성 자세히 들여다보기

행성은 일정한 빛(항성은 반짝거리지만)을 내고, 황도(지구에서 볼 때 태양이 지구의 하늘을 가로지르는 길)에서의 위치와 항성(우리 태양계에서는 태양) 주변을 떠돌아다니는 성질에 의해 정의된다. 'planet(행성)'은 그리스어 '방랑자'를 의미하는 'planetos플래네토스'에서 유래되었다.

많은 지역 신문들이 특정한 날 밤, 주요 행성들이 그 지역에서 언제 뜨고 지는지를 정확히 알려주고 있어요.

지구가 자전하고 있기 때문에 행성들은 태양이나 달, 별처럼 하룻밤 사이에 동쪽에서 서쪽으로 움직이는 것처럼 보인다. 하지만 자세히 살펴보면 행성은 별을 기준으로 일반적으로 서쪽에서 동쪽으로 움직이는 경향이 있다.

수성, 금성, 화성, 목성, 토성과 같은 대부분의 행성들은 육안으로 쉽게 볼 수 있다. 그러나 천왕성은 육안으로는 보기 어렵고, 해왕성은 좋은 망원경으로만 볼 수 있다.

* 수성과 금성을 관측하기 좋은 시기

행성들은 일 년 동안 각각 다양한 시간에 하늘 위로 떠오른다. 내행성인 수성과 금성을 관측하기에 가장 좋은 시기는 최대 이각greatest elongations, 혹은 그 근처에 있을 때이다. 최대 이각이란 지구 관점에서 봤을 때, 수성과 금성이 태양과 태양의 빛으로부터 가장 멀리 떨어져 있는 때를 말한다.

서방 최대 이각greatest western elongations에서는 해가 진 직후에 수성과 금성을 볼 수 있고, 동방 최대 이각greatest eastern elongations에서는 해가 뜨기 직전에 볼 수 있다.

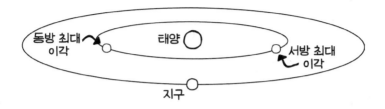

수성은 일 년에 3~5번 최대 이각에 도달한다. 이때 수성은 해가 뜨기 2시간 전이나 해가 지고 2시간 후에 지구의 지평선 위로 나타난다. 금성은 수성보다 궤도가 더 길기 때문에 1년에 최대 2번 정도 이각이 될 수 있고, 어떤 해에는 이각을 이루지 못하는 경우도 있다. 금성이 최대 이각에 놓이면, 해가 뜨기 약 3시간 전이나 해가 지고 3시간 후에 지평선 위로 나타난다.

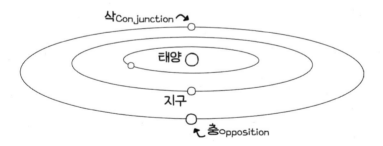

외행성을 볼 수 있는 가장 좋은 시기는 충衝, opposition 에 있을 때다. 지구에서 보이는 태양과 180도 정반대에 있는 경우가 그

시기이다. 따라서 해가 지면 충에 있는 행성이 동쪽에서 떠오를 것이고, 밤사이 내내 지구에서 가장 가깝고 밝은 지점에서 빛날 것이다.

★TIP

화성은 2년에 한 번 정도, 목성은 13개월에 한 번 정도, 토성, 천왕성, 해왕성, 명왕성은 1년에 한 번 정도 충에 있다.

다른 세계에서
생명체
찾기

* 외계 생명체가 존재할까?

지구는 현재까지 태양계에서 유일하게 생명체가 존재하는 것
으로 알려진 행성이다. 생물학자들은 35억 년 전 지구에서 단
일세포 미생물의 형태로 생명체가 생겨났고, 이 미생물이 에너
지를 소비하고 재생산하고 나중에는 진화하는 능력까지 얻었
다고 믿고 있다.

유기 화합물(탄소 원자에 기초한 분자), 물, 빛이나 열과 같은 에너지로
이루어져 있는 이 생명체는 이 넓은 우주에서 그리 흔한 존재
는 아니다. 생명이 있는 것과 아닌 것을 구분하기는 쉽지만(보면

자연적으로 알 수 있다.), 그 생명체가 어떻게, 또는 왜 생겨났는지는 여전히 밝혀지지 않았다. 수백만 개의 무생물 유기화합물이 어떻게든 스스로를 만들어내고, 또 생명력이 있다는 것은 굉장히 경이로운 것이다!

외계 생명체가 존재한다는 주장도 그럴듯하게 들린다. 우리가 살고 있는 우주에는 무수히 많은 별이 있으며, 이미 은하계의 다른 곳에서 우리 태양계와 크게 다르지 않은 다른 태양계들이 많이 관측되었다. 이렇게 넓은 우주에서 외계 생명체가 존재한다고 한들 그리 크게 놀랄 일도 아니다.

그러나 생명체 자체가 너무나도 특이한 미스터리라서, 우연히도 단 하나의 행성에서 우리 인간만이 특정한 때에 생겨났을지도 모른다는 주장도 있다. 하지만 아직 우리 지구 이외의 다른 곳에 생명체가 존재한다는 결정적인 증거를 발견하지 못했다.

*TIP

1996년 NASA가 공개한 화성 운석에 화성에 한때 미생물이 존재했었다고 해

•••

*   로스웰: 미확인 비행물체 U.F.O.가 추락했다고 알려진 미국 남부의 한 도시

석할 수 있는 징후가 있었다. 하지만 최종 분석 결과에서 그것이 부정되었다.

생명체가 있었다는 증거가 없다고 해서 생명체가 없었다고 확신할 수는 없다. 그래서 과학자들은 탐색을 계속해나가고 있다. 어떤 과학자들은 만약 생명체가 다른 행성에서 생겨났고, 진보된 형태의 지능을 가진 생명체로 진화했다면, 아마도 이 외계 생명체들은 라디오나 텔레비전처럼 전파를 이용해서 우주로 통신을 전송할 수 있을 것이라고 생각한다. 전파는 사람 눈에는 보이지 않지만, 가시광선의 파동과 마찬가지로 빠른 속도로 먼 거리를 여행할 수 있다.

'표준 광학 망원경'은 별의 가시광선을 수신하지만, '전파 망원경'은 별이 방출하는 전파를 수신한다. 별을 포함한 다른 천체들은 자연적으로 전파를 방출하지만 인위적으로 전송되는 전파 메시지는 이 자연적인 전파와는 구별된다.

아치보 전파 망원경ARECIBO RADIO TELESCOPE은 세계에서 가장 큰 전파 망원경으로, 푸에르토리코 PUERTO RICO에 있고 그 길이가 305 미터(1000피트)에 달한다. SETI는 봄에 3주, 가을에 3주 동안 이 전파 망원경을 사용할 수 있다.

〈아치보 전파 망원경〉

* 외계 지적 생명체 탐사 프로젝트, SETI

1960년대 이후로 다른 별들에서 온 전파 메시지를 찾으려는 시도가 계속되어왔다. 이중 가장 유명한 것이 외계의 지적 생명체를 찾는 SETI(세티, the Search for Extra Terrestrial Intelligence, 외계 지적 생명체 탐사) 프로젝트이다. 이 프로젝트는 1992년에 NASA에서 공식적으로 시작되었지만, 1993년 미국 의회의 결정으로 예산이 완전히 삭감되었다. 그럼에도 불구하고 민간 자금 지원을 통해서 오늘날까지 이어지고 있지만, 지금까지 어떤 메시지도 발견되지 않았다.

전파 메시지를 찾는 것은 그리 간단한 일은 아니다. 전파 신호를 수신하기 위해서는 전파 망원경이 특정한 별을 가리키고 있어야 한다(어떤 별을 선택할 것인지 선택지가 꽤 많다).

SETI의 목표는 은하에 있는 1,000개의 별들로부터 데이터를 수신하고 분석하는 것이다. 이러한 노력을 지원하기 위해서 캘리포니아대학교 버클리University of California at Berkeley는 인터넷을 통해 개인이 이 프로젝트에 참여할 수 있도록 하는 'SETI@Home'이라는 프로그램을 개발했다. 무료 소프트웨어를 다운로드하여 설치하면 개인용 컴퓨터에서도 우주에서 온 전파 데이터를 분석할 수 있는데, 이 데이터가 우리 행성을 넘어선 지적 생명체의 첫 신호가 될 수도 있다. 이러한 탐색은 어떻게든 계속될 것이다.

제3장

지구, 태양, 달 아는 척하기

태양이 은하수를 돌고, 지구는 태양을 돌고, 달은 지구를 돈다. 지구와 태양의 상대적인 위치에 의해서 지구의 계절과 일 년의 길이가 정해진다. 그리고 지구, 태양, 달 사이의 관계는 놀라운 천체 현상을 만들어낸다.

지구의 궤도

* 태양 주위를 도는 지구의 궤도

시속 약 6만 7천 마일(108,000킬로미터)의 속도로 항해하는 우리의 행성 지구는 1년에 걸쳐서 태양을 원형과 유사한 궤도로 반시계 방향으로 돈다.

더 정확히 말하자면 지구의 공전주기는 365.2422일이다. 즉 지구가 태양을 완전히 한 바퀴 도는 데에 365일, 5시간, 49분, 12초가 걸린다! 우리는 1년을 365일로 정해두고 하루의 24퍼센트에 해당하는 나머지 5시간 49분 12초를 무시한다. 이것이 누적되기 때문에 4년마다 돌아오는 윤년에 2월 29일을 추가해서, 달력의 1년이 태양년을 따라잡도록 보정하는 것이다.

* 지구의 궤도는 타원

태양 주위를 도는 지구의 궤도는 정확히 원형이 아니다. 엄밀히 말하면 타원이다. 지구의 공전 궤도와 태양 사이의 평균 거리는 약 9천 3백만 마일(1억 5천만 킬로미터)이다. 하지만 매년 1월 4일경에는 지구가 태양에서 9,150만 마일 떨어진 곳이자 가장 가까운 지점인 근일점Perihelion에 도달하고, 6개월 후인 7월 4일경에는 지구가 태양으로부터 약 9,450만 마일 떨어진 곳이자 가장 먼 지점인 원일점Aphelion에 도달한다.

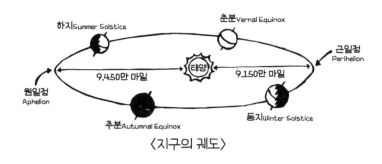

〈지구의 궤도〉

흥미롭게도 근일점과 원일점은 계절에 거의 영향을 주지 않는다. 남반구가 근일점에서 여름일 때, 북반구가 원일점에서 여름일 때보다 약 6퍼센트의 태양에너지를 더 받는다. 계절은 근일점과 원일점이 아닌, 지구 자전축과 지구 표면에 직각으로 들어오는 태양열 사이의 각도에 의해서 결정된다. 그것이 황도면the plane of the ecliptic이다.

케플러의
법칙

Kepler's laws

＊ 태양과 지구 사이의 거리는 지구의 공전 속도를 결정한다

태양과 지구 사이의 거리는 계절을 결정하지는 않지만, 지구의

공전 속도를 결정한다. 17세기 초 독일의 천문학자 요하네스

케플러Johannes Kepler (1571~1630)가 이것을 처음으로 발견했다.

·1.

내 첫 번째 행성 운동 법칙에 따르면 모든 행성

은 태양을 타원형 경로로 공전하며, 태양은 행성

들의 타원 궤도 두 개의 초점 중 하나의 초점에

〈요하네스 케플러〉

위치하지. 즉 행성 궤도의 한쪽 끝이 그 반대쪽 끝보다 태양에 더 가
깝지.

2.

내 두 번째 행성 운동 법
칙은 타원 궤도를 따라
서 행성이 이동하는 동
안에도 행성의 속도가 변화한다는 거야. 근일점일 때, 즉 태양이 지구와 가
까울 때는 지구가 궤도에서 조금 더 빠르게 움직일 것이고, 원일점일 때, 즉
태양이 지구와 멀 때는 지구가 궤도를 따라 조금 더 천천히 움직일 거야.

3.

이와 유사하게 세 번째 행성 운동 법칙은 태양
과 행성 사이의 거리 또한, 행성이 궤도에서 움
직이는 속도에 영향을 미친다는 거야. 태양에
가까이 있는 행성일수록 더 빠르게 움직이고,
태양으로부터 멀리 떨어져 있는 행성일수록 더
느리게 움직이지. 그렇기 때문에 태양과 가장
가까운 수성의 공전주기는 88일이지만, 태양
으로부터 가장 멀리 떨어진 명왕성의 공전주기는 거의 250년인 거야.

* 황도면

황도면은 지구가 태양 주위를 공전할 때 도는 궤도를 연결한
평면이며, 앞에서 언급했듯이 우리 태양계의 모든 행성들이 지

니는 일반적인 궤도면이기도 하다. 황도면을 개념화하는 한 가지 방법으로 태양의 중심과 지구의 중심부를 연결하는 선을 상상해보자. 지구가 태양 주위를 공전할 때, 우리가 상상한 이 선이 태양과 지구 사이에 어떤 평면을 그린다. 이 면을 지구 너머 우주로 확장하면 황도면이 된다.

우리가 지구에서 볼 때, 하늘에 태양이 가는 길을 황도로 개념화할 수 있다. 물론 태양은 실제로 하늘을 가로질러 움직이지는 않는다. 하지만 우리가 축을 중심으로 회전하는 지구에 있기 때문에 그렇게 보이는 것이다.

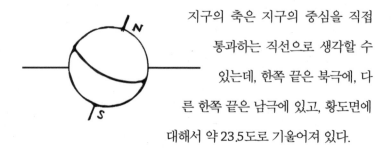

지구의 축은 지구의 중심을 직접 통과하는 직선으로 생각할 수 있는데, 한쪽 끝은 북극에, 다른 한쪽 끝은 남극에 있고, 황도면에 대해서 약 23.5도로 기울어져 있다.

낮과 밤의
길이가 같은
춘분

✳ 태양빛이 북반구 남반구 동일하게 내리쬐는 춘분

지구 자전축과 궤도가 그리는 평면 사이의 각도 변화로 한 해는 자연스럽게 사계절로 나뉜다. 춘분이라고 불리는 3월 21일 경에는 지구의 자전축이 황도면에 대해서 23.5도 옆으로 기울어져 있다(태양빛이 북반구와 남반구에 모두 동일하게 내리쬔다). 정오에 태양의 위치는 적도 바로 위, 위도 0도에 있으며, 낮과 밤의 길이는 똑같이 각각 12시간씩이다.

지구가 자전하는 동안 지구에 수직으로 들어오는 태양광(태양정오)은 적도 바로 위에 있다. 태양이 적도 위에 위치해 있기 때문에, 우리 관점에서 보면 동쪽에서 떠오르고 서쪽으로 지는 것처럼 보일 것이다.

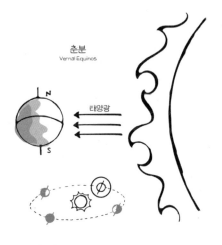

춘분점 이후 3개월 동안에 지구는 태양 공전 궤도를 반시계 방향으로 90도 움직이면서 공전 궤도의 4분의 1을 돌 것이다. 이 기간 동안 태양의 경로는 서서히 북쪽으로 이동한다. 정오에 적도 바로 위에 있던 태양은 북위 23.5도 북회귀선 바로 위쪽으로 이동한다.

그래서 북반구에서는 낮이 길어지고 밤은 짧아질 것이다. 반면 남반구에서는 낮이 짧아지고 밤이 길어질 것이다.

태양광이 북반구에
직각으로 내리쬐는
하지

* 일 년 중 낮이 가장 길고 밤이 가장 짧은 날

6월 21일경에 해당하는 하지에는 북극이 태양 쪽으로 23.5도로 기울어져 있고, 태양광은 북반구에 직각으로 내리쬔다. 정오에 태양은 북위 23.5도, 북회귀선 바로 위에 위치해 있다. 하지는 북반구에서 일 년 중 낮이 가장 길고 밤이 가장 짧은 날이다. 북위 66.5도 이상의 북극권에서는 24시간 내내 해가 떠 있다!

　동시에 남극은 태양으로부터 멀리 떨어져 있기 때문에 남반구는 겨울에 해당한다. 남반구는 이날이 동지이다(일 년 중 낮이 가장 짧고 밤이 가장 길다). 남위 66.5도 이하의 남극권은 24시간 내내 어둡다.

하지 이후 3개월 동안에 지구는 태양 공전 궤도를 반시계 방향으로 90도 더 움직이면서 공전 궤도의 4분의 2를 돌 것이다. 이 기간 동안 태양의 경로는 서서히 남쪽으로 이동하여 정오에 북회귀선 바로 위에 있던 태양이 적도 바로 위쪽으로 이동한다.

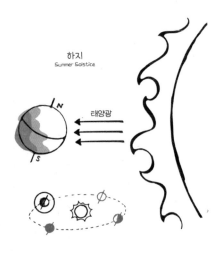

이때 지구에 수직으로 들어오는 태양광은 지구가 자전하는 동안 내내 북회귀선 바로 위에 있다. 태양이 최북단에 있기 때문에, 우리가 보는 태양은 북동쪽에서 떠오르고, 북서쪽으로 진다. 그래서 북반구에서는 낮이 짧아지고 밤이 길어질 것이다. 반대로 남반구에서는 낮이 길어지고 밤이 짧아질 것이다.

다시
낮과 밤의 길이가 같은
추분

＊ 다시 태양빛이 북반구와 남반구를 균일하게 덮다

9월 22일경인 추분에는 지구의 자전축이 다시 황도에 대해서 23.5도로 기울어지고, 태양빛이 북반구와 남반구를 균일하게 덮는다. 태양은 다시 정오에 적도 바로 위에 있고, 낮과 밤의 길이는 똑같이 12시간이 된다.

지구가 자전하는 동안 지구에 수직으로 들어오는 태양광은 다시 적도 바로 위에 있게 된다. 우리가 봤을 때 태양은 다시 동쪽에서 뜨고, 서쪽으로 지는 것처럼 보일 것이다.

추분이 지나고 3개월 동안 지구는 또 한 번 태양 공전 궤도를 반시계 방향으로 90도 이동하여 공전 궤도의 4분의 3을 지난다. 이 기간 동안 태양의 경로는 남쪽으로 이동하여 정오에 적도 바로 위에 있던 태양이 남위 23.5도, 남회귀선 바로 위에 있게 될 것이다.

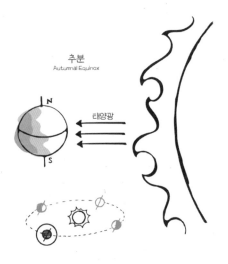

추분
Autumnal Equinox

태양광

그래서 북반구에서는 낮이 계속해서 짧아지고 밤은 계속해서 길어질 것이다. 반대로 남반구에서는 낮이 길어지고 밤은 짧아질 것이다.

지구의 남극이 태양쪽으로 기울어지는 동지

＊ 낮이 가장 짧고 밤이 가장 긴 날

12월 22일경인 동지에는 지구의 남극이 태양 쪽으로 23.5도로 기울어지고, 태양광은 남반구를 직접적으로 내리쬔다. 정오가 되면 태양은 남위 23.5도, 남회귀선 바로 위에 위치한다. 남반구 에서는 이날이 일 년 중 낮이 가장 길고 밤이 가장 짧은 하지이 다. 남위 66.5도 이하인 남극권에는 24시간 내내 낮이 지속된다.

지구가 자전축을 중심으로 회전하는 동안, 지구에 수직으로 들어오는 태양광은 남회귀선 바로 위에 있다. 지구에서 보면, 태양은 남동쪽에서 뜨고, 남서쪽으로 지는 것으로 보일 것이다.

남반구가 여름일 때, 북반구는 겨울이다. 북반구에서 동지는 일 년 중에 낮이 가장 짧고 밤이 가장 긴 날이다. 북위 66.5도 이상의 북극권은 24시간 내내 어둡다.

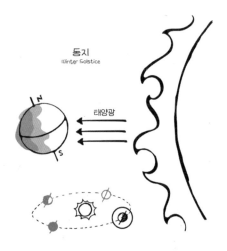

동지
Winter Solstice

태양광

동지 이후 3개월 동안 지구는 태양 공전 궤도를 반시계 방향으로 90도 더 움직여서 공전 궤도의 마지막 4분의 1을 돈다. 이 기간 동안에 태양의 경로는 다시 천천히 북쪽으로 이동할 것이며, 지구에 수직으로 들어오는 태양광은 남회귀선 바로 위에서 적도 위로 되돌아갈 것이다.

이때 북반구는 낮이 길고 밤이 짧아질 것이다. 반대로 남반구에서는 낮이 점점 짧아지고 밤이 길어질 것이다.

<에라토스테네스와 하지>

에라토스테네스$_{Eratosthenes}$는 기원전 3세기 이집트의 도시 알렉산드리아$_{Alexandria}$에 살았던 학자이다. 유명한 알렉산드리아 도서관 소장이었던 그는 여름날 정오에 이집트의 도시, 시네$_{Syene}$에 기둥이나 오벨리스크$_{obelisk}$와 같은 수직 물체에 그림자가 없는 반면, 시네로부터 북쪽으로 약 500마일(약 800킬로미터) 떨어진 알렉산드리아에는 수직 물체에 그림자가 있다는 흥미로운 사실을 발견했다.

마침 시네는 북위 약 23.5도, 북회귀선에 위치했다. 여름날 정오가 되면 태양 빛이 시네에 거의 수직으로 드리운 것이다. 하지만 지구는 둥글기 때문에 시네의 북쪽에 있는 알렉산드리아에는 그렇지 않았다.

그 당시 많은 사람들이 지구가 평평하다고 믿었는데, 에라토스테네스는 이와 같은 현상이 지구가 둥글기 때문에 일어난다는 것을 알아냈다. 그는 계속해서 알렉산드리아와 시네에 있는 그림자의 방향을 비교했고, 약 7도 정도가 다르다는 것을 발견했다. 이를 통해 그는 이 두 도시 사이에 약 7도의 곡률이 있을 것이라고 추론했다. 구의 가장자리 곡률이 360도이고, 360을 7로 나누면 51이라는 숫자가 나온다. 그는 논리적으로 알렉산드리아와 시네 사이의 거리가 지구 표면 전체 거리의 거의 50분의 1이라고 추론했다. 따라서 에라토스테네스는 세계가 둥글다는 것을 알아냈을 뿐만 아니라 알렉산드리아와 시네 사이의 거리에 51을 곱해 지구가 실제로 얼마나 큰지를 자세히 알아낼 수 있었다.

지구 주위를 도는 달

* 달은 언제 커 보일까?

지구가 태양 주위를 타원 궤도를 따라서 반시계 방향으로 돌고 있듯이, 달도 지구 주위를 타원 궤도를 따라서 반시계 방향으로 돌고 있다. 달이 지구로부터 지구 크기의 약 28.5배인 약 22만 6천 마일 떨어져 있을 때가 달이 지구와 가장 가까운 근지점 perigee이다. 반면 달이 지구로부터 지구 지름의 32배인 약 25만 2천 마일 떨어져 있을 때가 달이 지구에서 가장 먼 원지점apogee 이다. 지구에서 보면 달이 원지점apogee에 있을 때보다 근지점 perigee에 있을 때, 그 크기가 약 12퍼센트 더 커 보인다.

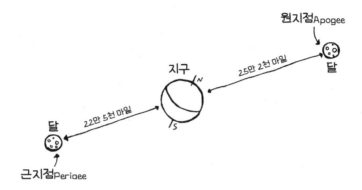

원지점Apogee

지구

25만 2천 마일

달

22만 5천 마일

달

근지점Perigee

지구에 비해 달의 크기는 상대적으로 작으며, 반경은 지구의 4분의 1정도밖에 되지 않는다. 만약 여러분이 달 착륙선을 타고 달의 한쪽 면에서 다른 쪽 면까지 간다고 하면, 그것은 보스턴에서 샌프란시스코까지 미국을 가로질러가는 것과 비슷한 거리이다.

하지만 달의 중력은 지구의 바다에 조수潮水를 만들 만큼 크다. 달이 우리 머리 위로부터 가장 높은 위치zenith, 정점에 도달한 직후에는 만조가 일어난다.

* 그믐과 다음 그믐 사이의 시간

지구의 절반이 항상 태양 빛을 받듯이, 달의 절반도 항상 태양 빛을 받아 빛난다. 하지만 우리가 볼 때에 달은 지구 주위를 돌면서 몇 가지 단계를 거치는 것처럼 보인다.

그믐new moon에는 태양 빛이 지구를 바라보지 않는 달의 면을 비춘다. 지구에서 보면 달은 어둠에 싸여 있다.

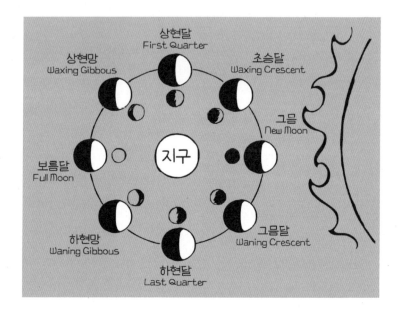

달이 지구를 공전하면서 초승달waxing crescent 단계에 접어들고, 이때 우리 눈에 보이는 달의 크기는 점점 커진다. 이후 상현달first quarter에서 반달이 된다. 달이 계속해서 지구 주위를 공전하면서 보름달이 될 때까지 매일 밤마다 더 큰 상현망waxing gibbous이 된다.

지구에서 보았을 때 달의 한쪽 면이 완전히 보이는 보름달 full moon 이후에는 하현망wanning gibbous 단계에 접어든다. 하현달last quarter 단계에는 다시 한 번 반달이 모습을 드러낸다. 마지막으로 그믐달waning crescent 단계를 거치면서 달은 매일 밤 더 작아지고 다시 그믐이 된다.

음력 한 달은 달이 이 주기를 완성하는 데 걸리는 시간이다. 전통적으로 음력 한 달은 그믐에서 다음 그믐 사이의 시간으로 계산되며 약 29.5일이다.

<한가위 보름달>

북반구의 추분 무렵 보름달은 놀라울 정도로 크고 밝기 때문에 따로 구별해 한가위 보름달Harvest Moon, 직역하면 '수확 달'이라고 한다. 이 기간 동안 달은 정점을 향해 바로 솟아오르는 것이 아니라 초저녁에 동쪽 지평선 위로 우아하게 떠오른다. 한가위 보름달의 밝은 빛 덕분에 농부들은 저녁에 태양 빛이 없더라도 밭에서 일할 수 있었고 가을 수확을 할 수 있었다. 이것은 10월 말 무렵에 뜨는 '사냥의 달the Hunter's Moon'이 주는 효과와도 비슷하다.

일반적으로 사람들의 눈에 달은 하늘에서보다 지평선 위에서 더 크게 보이는데, 이것은 달 착시moon illusion라고 알려진 현상이다. 그 이유가 무엇인지 아직 정확히 밝혀지지는 않았지만 몇 가지 이론이 존재한다.

가장 보편적인 이론은 2세기에 알렉산드리아의 천문학자 프톨레마이오스가 주장한 것이다. 그는 지평선 근처에서는 달의 크기를 비교할 수 있는 다른 물체가 있기 때문에 달이 더 커 보인다고 설명했다.

일식과
월식

* 개기일식과 개기월식

만약 지구 주위를 도는
달의 궤도가 정확히
황도면 위에 있다면,
음력 한 달 동안 두 번

의 일식을 볼 수 있을 것이다. 그믐마다 달이 지구와 태양 사이

를 지나가면서 일시적으로 지구에 달의 그림자가 생기는 개기

일식을 볼 수 있다. 또한 보름달이 뜰 때 지구가 태양과 달 사

이를 지나가면서 달 표면에 지구의 그림자가 생기는 개기월식

도 볼 수 있다.

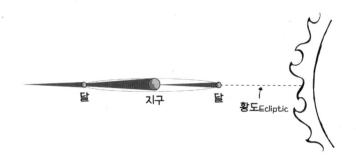

달 지구 달 황도Ecliptic

　물론 실제로는 그렇지는 않다. 달의 궤도는 황도면에서 약 5도 정도 기울어져 있고, 황도면의 위와 아래로 무려 2만 마일이나 떨어져 있다. 더욱이 교점nodes이라 불리는 황도면과 달의 지구 공전 궤도가 교차하는 두 개의 점은 그 위치가 고정되어 있지 않고, 태양 주위를 도는 지구처럼 지구 주위를 끊임없이 돈다.

　일식이 일어나기 위해서는 지구, 달, 태양, 그리고 달의 궤도 교점이 모두 일렬로 정렬되어야 한다. 이렇게 일식의 주기가 복잡하기 때문에 일식은 한 해에 5번 이상 일어나지 않고 월식은 3번 이상 일어나지 않는다.

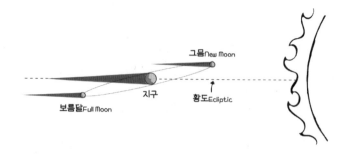

그믐New Moon 지구 황도Ecliptic 보름달Full Moon

인류가 지금과 같이 정확하게 천체의 움직임을 이해하기 전까지는 일식과 월식이 매우 부자연스러운 사건이었고 공포스럽고 불길한 일이었다.

전 세계 다양한 문화의 신화나 민속학에서는 태양과 달이 일시적으로 어두워지는 이 순간을 일종의 악이면서 신화적인 생물이 숭고한 천상계를 집어삼키는 흉조로 해석했다. 여러 풍속에서 사람들은 이 어두운 기운을 몰아내기 위해 야외에 다 같이 모여서 해나 달이 안전하게 정상적인 상태로 돌아올 때까지 소리치고 노래하며 북을 두드렸다. 그리고 이것은 매번 효과가 있었다!

* 일식의 종류

일식의 경우, 달이 태양을 완전히 덮는 전체 일식total solar eclipse, 그리고 달이 태양을 부분적으로만 덮는 부분 일식partial solar eclipse이 있다. 또한 금환식annular solar eclipse이라는 것도 있다.

〈전체 일식〉

〈부분 일식〉

우리는 이미 달이 원지점과 근지점 사이의 궤도를 따라가는 동안 지구에서 보이는 달의 크기가 변하는 것을 알았다. 우연의 일치로 지구에서 본 태양의 크기와 지구에서 본 달의 평균 크기가 같을 때도 있다.

하지만 달이 원지점에 가까울 때 달의 크기는 태양을 완전히 덮을 만큼은 충분하지 않다. 이때 일식이 일어나면 일식 절정에서 달 가장자리에 미처 다 가려지지 못하고 남은 태양의 큰 테두리를 볼 수 있다! 이것을 금환식이라고 한다.

〈금환식〉

* 월식의 종류

또 지구의 그림자가 달을 완전히 덮을 때를 가리켜 전체 월식total lunar eclipse, 지구의 그림자가 달을 부분적으로만 덮을 때는 부분 월

〈전체 월식〉

식partial lunar eclipse이라고 한다.

〈부분 월식〉

추가로 반영 월식penumbra lunar eclipse이라는 현상도 있다. 태양빛에 의한 지구와 달의 그림자에는 두 가지 종류가 있는데, 본영umbra은 어둡고 좁게 집중된 그림자이고 반영penumbra은 밝고 넓게 퍼진 그림자이다. 반영 월식의 경우 지구의 희미한 반영 그림자가 달의 표면을 지나간다.

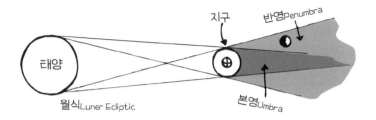

지구
반영 Penumbra
태양
월식 Luner Ecliptic
본영 Umbra

일식이 진행되는 동안에 달의 작고 집중된 본영 그림자가 지구에 드리운다. 이것 때문에(그리고 달 자체가 지구보다 훨씬 작기 때문에) 어떤 종류의 일식이든 달의 본영 그림자 안에서 관측할 때 가장 잘 보인다.

물론 일식을 관찰할 기회가 있다면 망막이 실명될 수도 있으니 절대 직접 쳐다봐서는 안 된다! 일식을 관찰하는 안전한 방법은 '핀홀 프로젝터(작은 구멍으로 태양 빛을 통과시키고 이를 평면에 투영시킨다. 평면에 투영된 이미지를 통해 태양을 간접적으로 관찰하는 장치)'로, 이미지를 투사하거나 강한 일광 필터를 통해서 보는 것이다(가장 좋은 방법은 지역 천체투영관이나 천문대에 가서 그곳에서 제공하는 것을 이용하는 것이다).

일식은 보기 어려울 수도 있지만 월식은 정반대다. 월식 때의 달은 달 자체가 거대한 투영 스크린의 일종으로 작용하기 때문에, 달과 마주보고 있는 지역이라면(밤 시간이라면) 어느 곳에서나 어떤 종류의 월식이든 똑같이 잘 볼 수 있다.

<평화를 가져다 준 일식!>

HERODOTUS

그리스 역사학자 헤로도토스Herodotus는 기원전 5세기경, 리디아인Lydians들과 메데스인Medes들 사이에 벌어졌던 소아시아 전쟁에 대한 책을 썼다. 이 전쟁은 5년 동안 지속되었고 어느 쪽도 이길 것 같지 않았다. 그런데 6년이 되었을 때, 치열한 전투 중 갑자기 달이 태양을 덮쳤고 전장에 어둠이 깔렸다. 다행히 양측은 이것을 평화를 바라는 신의 표시로 해석했고 결국엔 전쟁을 멈췄다! 현대 천문학자들은 일식의 주기를 계산할 수 있기 때문에, 이 사건이 기원전 585년 5월 28일에 일어났다는 것을 안다.

제4장

밤하늘 별자리
아는 척하기

우리 우주에는 적어도 10억 개의 별이 존재한다. 가장 맑은 날 밤에는 운이 좋다면 10억 개 중에 약 2천 개 정도는 볼 수 있다. 우리 별과 가장 가까운 별은 약 4.3광년 떨어져 있는 알파 켄타우루스Alpha Centauri 항성계의 세 개의 별이다.

밤하늘
별자리

* 북반구 주극 별자리

빛은 초당 18만 6천 마일(초속 30만 킬로미터), 1년에 거의 6조 마일(9조 5천억 킬로미터)을 갈 수 있기 때문에 가장 가까운 별들도 실제로는 상상할 수 없을 정도로 멀리 떨어져 있다.

지구가 자전함에 따라 밤하늘 대부분의 별들은(북반구 하늘 중심에 못처럼 고정되어 있는 북극성만 빼면) 동쪽에서 서쪽으로 움직이는 것처럼 보인다. 북극성Polaris과 북극성 근처의 다른 별들은 북반구 주극성(circumpolar stars, 라틴어로 'near the pole' 극 근처라는 의미)이라고 불리며 일 년 내내 북반구 지평선 위에 있다.

천구 극celestial pole은 지구 극의 바깥쪽에 투영된 하늘의 상상의 점이다. 지구의 축은 황도면에 23.5도 방향으로 기울어져 있기 때문에, 북극은 항상 지구의 공전 궤도 6억 마일을 따라 모든 지점에서 낮 동안조차도 북극성 쪽으로 기울어져 있다. 이것은 북극성이 약 400광년 정도 매우 멀리 떨어져 있기 때문이다.

북극성을 찾는 가장 쉬운 방법은 먼저 큰곰자리(Ursa Major, 라틴어로 'Great Bear' 큰곰이라는 의미) 중 북반구 주극성인 북두칠성Big Dipper을 찾는 것이다. 그런 다음 북두칠성의 두 별, 메라크Merak과 두브헤Dubhe를 연결하고 그 상상의 선을 따라 그 두 별 사이의 거리에 6배를 가면 '소 북두칠성Little Dipper'의 손잡이 끝인 북극성이 나타난다.

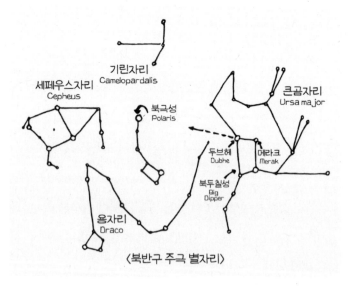

〈북반구 주극 별자리〉

* 남반구 주극 별자리

남반구에서는 남반구의 주극 별자리가 일 년 내내 지평선 위에 떠 있다. 특별히 어떤 별이 남극을 가리키지는 않지만, 남반구 주극 별자리인 남십자자리가 남반구의 천구 극을 직접적으로 가리키고 있다. 옥타누스는 남반구의 천구 극과 가장 가까운 별이다.

〈남반구 주극 별자리〉

황세치자리
Dorado

그물자리
Reticulum

테이블산자리
Mensa

물뱀자리
Hydrus

큰부리새자리
Tucana

옥타누스자리
Octanus

카멜레온자리
Chamaeleon

팔분위자리
Octans

파리자리
Musca

극락조자리
Apus

공작자리
Pavo

남십자성, 남십자자리
Crux

* 비주극성 별자리

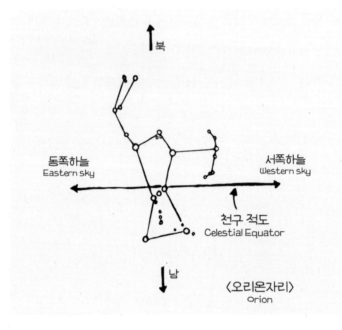

〈오리온자리〉
Orion

극과 가깝지 않은 비주극성Non-circumpolar stars(출몰성과 전몰성)은 낮은 하늘에서 보이며, 지구가 태양 공전 궤도상 어디에 위치하느냐에 따라서 다르게 보인다. 예를 들어 비주극성인 오리온자리는 1월의 밤하늘에서는 잘 보이지만, 6개월 후에 지구가 태양 반대편에 있을 때에는 보이지 않는다.

모든 비주극성의 정확한 위치는 관측 시기가 일 년 중 언제인지에 따라서, 또 관측자가 있는 위도에 따라서도 달라진다.

'천구 자오선celestial meridian'은 관측자 바로 위, 하늘을 남북으로 가르는 상상의 선이다. 천구 적도celestial equator는 지구 바깥 하늘에 지구 적도를 투영하여 하늘을 동서로 가로지르는 상상의 선이다.

따라서 지구의 적도에 서 있는 천문학자들은 그들의 머리 바로 위에 천체 적도의 별들을 보게 된다. 적도의 북쪽에서는 이 별들이 남쪽 하늘에 낮게 보일 것이고, 적도의 남쪽에서는 같은 별들이 북쪽 하늘에 낮게 보일 것이다.

밤하늘에 있는 별을 찾는 가장 좋은 방법은 자신이 위치한 위도의 별자리표를 사용하는 것이다.

큰곰자리
신화

* 북두칠성을 품은 큰곰자리

큰곰자리는 북반구 하늘에서 가장 유명한 별자리로, 옛날부터 우리의 관심을 사로잡았다. *호머Homer 는 오늘날 우리가 큰 국자 Big Dipper 모양이라고 생각하는 북두칠성을, 고대 그리스인들은 사륜마차Wagon라고 생각했었다고 말한다. 북두칠성을 품은 별자리의 이름은 '큰곰'이고, 그 신화는 다음과 같다.

신들의 왕인 주피터는 여느 때와 같이 호색한으로서의 기질을 펼치며 칼리스토Callisto라는 여자와 사랑에 빠졌고 결국 그녀

• • •

* 호메로스 : 고대 그리스의 가장 유명한 시인

를 임신시켰다. 질투심 많은 주피터의 아내 주노Juno가 이것을 알고 화를 냈고, 칼리스토가 아들을 낳은 후, 그녀를 곰으로 변하게 했다.

그러나 주노의 복수는 이것이 끝이 아니었다. 주노는 칼리스토의 아들 아르코Arco가 커서 사냥을 나갔을 때, 아르코가 자신의 어머니를 살해하는 상황을 만들었다. 그는 자신이 실제로 무엇을 하고 있는지 전혀 알지 못한 채 곰을 보고 화살을 쏘았다.

바로 그 순간, 다행히도 주피터가 칼리스토를 구출하고 그녀를 큰곰자리의 형태로 하늘에 두었다. 나중에 그녀의 아들 역시 작은곰자리(Ursa Minor, 소북두칠성Little Dipper) 형태로 그녀와 함께 있게 했다.

작은곰자리
Ursa Minor

큰곰자리
Ursa Major

이 때문에 주노는 더욱 화가 났고, 바다의 신 넵튠Neptune에게 부탁하여 큰곰과 작은곰이 물속으로 들어가지 못하도록 했다. 그 결과 다른 별자리와는 달리 이 두 별자리들은 1년 내내 지평선 위에 머물게 되었다.

* 황도 12궁 별자리와 점성술

황도 12궁 The Zodiac 의 12개 별자리는 비주극성 별자리로, 이것은 태양과 달, 그리고 행성이 하늘을 가로지르는 길인 황도에 놓여 있다. 고대 미신에 따르면 사람의 별자리는 그 사람이 태어난 날, 태양이 지나가는 별자리에 의해서 결정된다(그 별자리는 약 6개월 후 지구가 태양 궤도 반대편에 있을 때 밤하늘에서 볼 수 있다).

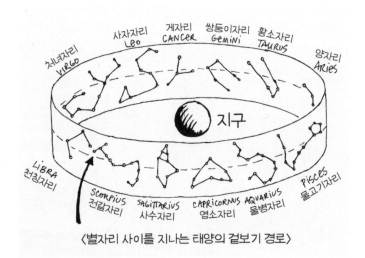

〈별자리 사이를 지나는 태양의 겉보기 경로〉

황도 12궁 별자리가 우리의 성격이나 행동에 어떤 영향을 끼치는지 논리적인 근거가 전혀 없기도 하지만, 점성술의 또 다른 난제는 '분점의 세차 precession of the equinoxes'이다. 분점의 세차는 시간이 지남에 따라 태양과 달의 중력이 지구 자전축의 기울기를 움직이게 만들고, 이로 인해서 별과 천구 극의 상대적 위치가 서서히 바뀐다는 것을 의미한다. 지금으로부터 약 1만 3천 년 후에는 새로운 북극성인 베가Vega가 북극을 가리키게 될 것이다. 그러나 다시 약 1만 3천 년이 지난 후에는 폴라시스, 즉 지금의 북극성이 북극을 가리키게 될 것이다.

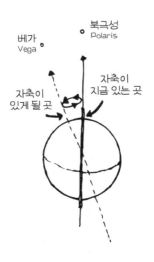

이런 효과 때문에 오늘날의 황도 12궁 별자리는 점성술의 전성기였던 3천여 년 전과는 다소 다른 위치에 있다. 예를 들어 3천 년 전 춘분에는 태양이 양자리를 통과했지만 오늘날 춘분점에는 태양이 물고기자리에 있다. 그럼에도 불구하고 현대 점성술에서는 여전히 춘분에 태어난 사람을 양자리라고 한다.

지구에서 보이는 별을 관찰하는 천구

✳ 천구가 뭐지?

천구celestial sphere는 천문학자들이 지구에서 보이는 별을 묘사하기 위해 사용하는 상상의 구이다. 천구의 중심에 지구가 있고, 지구의 극과 천구 극이 같은 방향을 향해 있다. 지구 적도가 지구 바깥쪽으로 확장되면서 천구 적도가 되고, 황도가 약 23.5도의 각도로 천구 적도를 가로지르고 있다.

천구는 천체들의 위치를 천체 좌표로 나타내는 지도로 사용된다. 지구의 적도가 위도 0도로 지정된 것처럼, 천구 적도는 적위declination 0도로 정해져 있다. 천구 적도 북쪽의 적위(0~90까지)

가 양의 값이며, 천구 적도 남쪽의 적위(0~-90까지)는 음의 값이다. 따라서 북반구 천구 극은 적위 90도에 있고 남반구 천구 극은 적위 -90도에 있다.

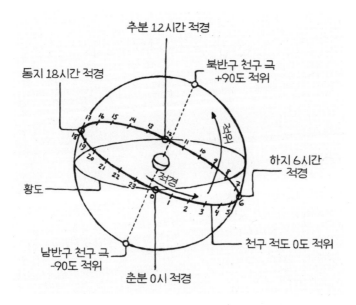

적위의 단위는 도, 분, 초이고, 적경right ascension의 단위는 시, 분, 초로 표시한다. 적경은 춘분 때에 천구 자오선에서 봤을 때의 천구에서 시작된다. 그리고 천구를 24개의 세로 시간 선으로 분할한다. 춘분은 0시, 하지는 6시, 추분은 12시, 동지는 18시이다.

0시 선에 천구 적도 위에 있는 별은 천체 좌표에서 적경 0

시, 적위 0도에 표시한다. 12시 선에 천구 적도로부터 10도 위에 있는 별은 천체 좌표 적경 12시, 적위 10도에 표시한다.

항성의
종류

* 별의 크기와 별빛의 색을 분석하다

우주에는 나이, 크기, 밀도, 압력, 밝기의 척도가 다른 다양한 항성(별)들이 있다. 별의 중심에서는 여러 가지 핵반응이 일어나는데 이는 별의 생애 단계에 따라 달라진다. 별은 주로 수소와 헬륨으로 구성되어 있지만, 서로 다른 종류의 핵반응은 다른 종류의 원자, 즉 서로 다른 종류의 화학 원소를 생산할 수 있다. 여러 종류의 원소가 연소되면서 각기 다른 색을 발산하는데, 이는 별에서 발산하는 빛의 스펙트럼을 분석하는 과정에서 세세하게 알아볼 수 있다(빛의 스펙트럼을 연구하는 것을 분광학spectroscopy이라고 한다).

따라서 과학자들은 별의 크기와 별빛의 색을 분석해 별의 생애 단계와 온도와 화학적 구성에 대한 정보를 알 수 있다. 푸르스름한 백색광을 발산하는 별은 별의 생애 단계에서 가장 어리고 가장 뜨거운 별이다. 노란색 별은 별의 전성기이다. 붉은색 과 주황색 별은 오래되고 온도가 낮은 별이다. 백색 별은 별의 마지막 단계로 여겨진다.

* 백색 왜성과 흑색 왜성

우리 별 태양은 건강하고 평균적인 노란색 별이며, 이제 막 중년에 접어들었다. 태양과 비슷한 별들을 관측한 결과, 아마도 앞으로 50억 년 정도는 태양에 위기는 없을 것으로 보인다. 태양의 중심부에 있는 수소 원자 대부분이 헬륨과 융합되면서 핵반응을 일으키는데, 이 영향이 바깥으로 확장되면서 태양의 크기가 부풀어 오를 것이다. 한편 남아 있던 헬륨 원자가 중력 때문에 핵반응을 하면서 붕괴되고, 이로 인해 산소와 탄소 같은 새롭고 무거운 원소를 만들어낼 것이다. 이 단계에서 태양은 붉은색이 될 것이고, 계속 팽창해서 수성, 금성, 지구의 궤도를 삼킬 정도로 부풀어 오를 것이다. 태양의 부피는 점점 커지면서 온도는 낮아질 것이다.

아마도 50억 년 후의 태양은 낮은 온도 때문에 더 이상 핵반응을 할 수 없을 것이다. 중력에 의해 붕괴되면서 크기 또한 계속 줄어들고, 결국 지구 크기만큼 작지만 밀도가 엄청나게 높은 작은 *백색 왜성white dwarf이 될 것이다. 이 단계에서 태양은 더 이상 핵반응을 할 수 없더라도 태양 자체의 중력으로 생성되는 열로 계속해서 빛날 것이다. 이것이 한때 강력했던 별이 완전히 소멸되거나 혹은 어둡고 생명력 없는 화학 잔해인 흑색 왜성 black dwarf이 되는 과정이다.

태양보다 훨씬 큰 별, 즉 적색이나 청색 초거성blue super giant과 같은 별은 죽음이 가까워오면 훨씬 더 극적인 운명을 겪는데, 중력 붕괴로 인해 화려하게 폭발하는 초신성supernova이 된다. 그리고 별 대부분의 물질과 에너지가 성간이나 성운 형태로 다시 우주로 방출된다.

* 중성자별neutron star

이러한 거대한 원자 폭발의 부산물로 별의 중심에 중성자가 남는다. 핵력에 의해 결합된 이 중성자들은 응축되어 중성자별을 형성하는데, 이 중성자별은 직경이 10마일(16킬로미터) 정도지만 밀도는 어마어마하게 높다. 아마 중성자별의 한 티스푼의 무게는 약 10억 톤 정도일 것이다!

● ● ●

* 　백색 왜성: 질량이 태양과 비슷하거나 조금 작은 항성의 진화 마지막 단계, 흰색 빛을 내며 일반적인 항성에 비해서 광도가 낮고 크기가 작다

또한 중성자별은 펄서$_{pulsar}$가 될 수 있는데, 펄서는 몇 분의 1초도 안 되는 주기로 우주에 전파 펄스를 방출하는 별이다! 정말 큰 별들은 초신성으로 폭발한 후, 중성자별로 변하기보다는 블랙홀로 변한다. 블랙홀이란 밀도가 너무 높아서 그 중력의 영향으로 빛조차도 벗어날 수 없는 특이한 현상이다. 블랙홀을 자연적으로 보는 것은 어렵지만, 천문학자들은 블랙홀이 블랙홀 주변 물체에 미치는 중력 효과를 관찰해 블랙홀을 탐지할 수 있다.

* 밝기가 변하는 변광성

변광성$_{variable\ star}$이라는 또 다른 형태의 별은 여러 가지 원인으로 밝기가 변한다. 항성의 밝기가 실제로 변화하고 있다면, 이 변동성은 내적 요인에 의한 것일 수 있다. 예를 들어 폭발을 겪는 '폭발성 항성'과 중심과 외부 층 사이의 불균형으로 인해서 밝기가 달라지는 '진동성 항성' 등이 있다.

또 변광성의 변동성은 어떤 별이 다른 별의 빛을 주기적으로 가리는 경우처럼 외부 요인 때문일 수도 있다. 세페이드$_{Cepheids}$라고 불리는 변광성은 빠르고 안정적인 속도로 변화하는데, 이 주기는 며칠 또는 몇 주일 수도 있고 장기적으로 1년 이상일 수도 있다.

하늘에서 가장 빛나는 별들

* 절대 등급과 겉보기 등급

항성의 밝기는 등급magnitude으로 측정된다. 절대 등급Absolute magnitude은 항성의 내적 밝기를 측정하는데, 항성이 일정한 거리에서 어떻게 보이는가를 기준으로 한다.

겉보기 등급Apparent magnitude은 지구에서 보이는 항성의 밝기를 측정하는데, 항성의 절대적 크기와 지구로부터의 실제 거리에 따라 결정된다. 항성이 밝으면 밝을수록 그 등급은 더 낮아진다. 등급이 1.5 이하인 일등성은 등급이 5.5~6.5 사이인 육등성보다 100배 더 밝다.

행성의 밝기도 등급으로 판단한다. 천왕성은 겉보기 등급이 약 5.6이지만 육안으로는 거의 보이지 않는다. 반면에 금성은 겉보기 등급이 -4이고 가장 밝은 행성이다. 등급이 더 높다고 해서 더 밝은 것은 아니다.

* 유난히 밝은 별들

하늘에서 유난히 밝게 빛나는 별들에 대해 이야기해보자. 겉보기 등급이 0.3인 베가Vega는 하늘에서 다섯 번째로 밝은 별로, 늦여름과 초가을에 북반구 비주극성 별자리인 거문고자리에서 두드러지게 볼 수 있다. 베가는 지구로부터 약 26 광년 떨어져서 자신의 태양계 궤도를 돌고 있는 젊고 푸른 별이다.

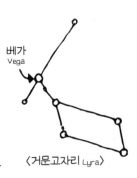

〈거문고자리 Lyra〉

적색 거성 아르크투루스Arcturus는 겉보기 등급이 -0.06으로 하늘에서 네 번째로 밝은 별이다. 아르크투루스는 늦봄과 초여름에 북반구 비주극성 별자리인 목동자리에서 두드러지게 보인다.

〈목동자리 Bootes〉

아르크투루스
Arcturus

알파 켄타우루스Alpha Centauri는
세 번째로 밝은 별이며, 겉보기
등급이 -0.1이고 켄타우루스
자리에 위치해 있다. 알파 켄타우
루스는 사실, 알파 켄타우루
스 AAlpha Centauri A, 알파 켄타우

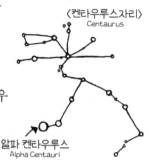

〈켄타우루스자리〉
Centaurus

알파 켄타우루스
Alpha Centauri

루스 BAlpha Centauri B, 프록시마 켄타우루스 CProxima Centauri C, 이렇
게 세 개의 별로 이뤄져 있다. 이 세 개의 별은 서로를 공전한
다. 사실 지구에서 보이는 항성의 절반 이상은 이런 식으로 두
개 또는 세 개의 별로 이뤄져 있다. 육안으로는 하나로 보이지
만, 좋은 망원경으로 보면 대부분 각각을 구별할 수 있다.

카노푸스
Canopus

〈용골자리〉
Carina

카노푸스Canopus
는 하늘에서 두 번째
로 밝은 별이며, 용골자리에
위치한, 겉보기 등급이 -0.7
인 푸른 별이다. 켄타우루스와 용
골자리는 둘 다 남반구 주극성 별자리에서 보인다.

지구에서 볼 때 가장 밝은 별은 시리우스Sirius라고 하는 두
개의 별(쌍성)이다. 시리우스는 겉보기 등급이 약 -1.5이고 백색

왜성 궤도를 도는 푸른 별이다. 이 별은 개
의 별_{Dog star}이라고도 알려져 있는데, 주
로 겨울철에 천구 적도 남쪽의 큰개
자리_{canis major}에 나타난다. 그로부
터 6개월 후인 가장 더운 여
름날 남반구에서는 시리
우스가 태양과 함께 떠오
르는데, 이때를 '복날'이라고 한다.

시리우스
Sirius

〈큰개자리〉
Canis Major

성단과 성운

* 구형의 거대한 별들의 집합, 구상 성단

시리우스처럼 두 별이 서로 공전하는 항성계를 이중성계binary star systems라고도 하고, 알파 켄타우루스 같은 항성계는 삼중성계triple star systems라고 한다. 항성계에는 사실상 거의 모든 수의 항성이 포함되며, 성단이라 불리는 가장 큰 항성계에는 수백 개, 심지어 수백만 개의 항성이 중력에 의해서 서로 결합되어 있다.

성단에는 크게 두 가지 종류가 있다. 구상 성단Globular clusters은 구형의 거대한 별들의 집합이다. 구상 성단의 좋은 예로 대 구상 성단(M13, 메시아 13)이 있다. 대 구상 성단은 50만 개

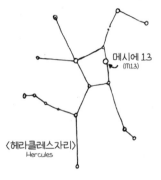

〈헤라클레스자리〉
Hercules

메시에 13
(M13)

이상의 별을 포함하고, 여름 동안 북반구 비주극성 별자리인 헤라클레스자리에서 볼 수 있다.

남반구에서는 남반구 주극성 켄타우루스자리Centaurus에서 오메가 센타우리Omega Centauri 구상 성단을 볼 수 있다. 오메가 센타우리 성단은 수백만 개의 별들을 포함하고 있으며, 은하계에서 가장 크고 밝은 구상 성단이다.

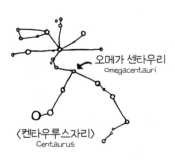

오메가 센타우리
Omegacentauri

〈켄타우루스자리〉
Centaurus

* 산개 성단

산개 성단Open clusters은 주로 모양이 불규칙한 작은 성단을 말한다. 예를 들어 플레이아데스 항성계Pleiades는 약 5백 개의 별로 구성된 산개 성단이다. 육안으로 볼 때 플레이아데스 성단은 7개의 별처

플레이아데스
Pleiades

〈황소자리〉
Taurus

럼 보이지만 쌍안경이나 망원경으로 보면 더 많은 별들을 볼 수 있다.

플레이아데스 성단은 주로 겨울철에 보이며 황도 12궁 별자리의 하나인 황소자리에서 찾아볼 수 있다.

* 여러 가지 성운

하늘에는 여러 가지 종류의 성운도 있다. 별이 폭발한 결과로 만들어지는 성운을 행성상 성운planetary nebula이라고 하는데, 좋은 예가 바로 북반구 비주극성 거문고자리 Lyra의 고리 성운Ring Nebula이다.

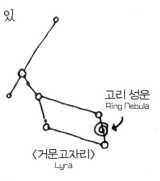

고리 성운
Ring Nebula

〈거문고자리〉
Lyra

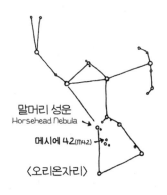

말머리 성운
Horsehead Nebula

메시에 42(M42)

〈오리온자리〉

또 발광 성운Emission nebulae은 근처에 있는 별에서 나오는 방사선에 반응해서 빛을 발산하는 가스와 먼지의 집합체로, 새로운 별들은 주로 이 성운에서 생겨난다. 대 성운Great Nebula(M42, 메시에42)은 오리온자리Orion에 있는 발광 성운으로, 천구 적도에 있고 주로 겨울철에 볼 수 있다.

플레이아데스Pleiades 별들 중에는 반사 성운reflective nebulae도 여러 개 있는데, 이 성운은 근처에 있는 별에서 나오는 빛을 반사한다. 이와는 대조적으로 암흑 성운dark nebulae은 오리온의 말머리 성운Horsehead Nebula처럼 근처에 있는 별에서 나오는 빛을 막거나 감소시키는 먼지와 가스의 집합체이다.

<플레이아데스Pleiades와 오리온Orion>

그리스 로마 신화에 따르면 플레이아데스의 일곱 자매(아틀라스의 일곱 명의 딸)는 7년 동안 계속해서 사냥꾼 오리온에게 쫓겼다. 그녀들의 구조 기도에 마침내 신들이 응답했고 그녀들을 비둘기로 변신시켜 하늘에 올려놓았다. 그러나 운명적으로 오리온이 죽고 그도 하늘에 놓였고, 오늘날에도 오리온은 밤하늘에서 그녀들의 뒤를 계속해서 쫓고 있다!

혜성과
유성

* 단주기 혜성 vs 장주기 혜성

우리 태양계는 9개의 행성, 그리고 행성들의 위성은 물론 소행성대, 카이퍼 벨트의 본거지이다. 이뿐만 아니라 많은 수의 혜성 comets(머리카락이 덥수룩한 별이라는 뜻의 라틴어), 즉 태양 주위를 빙빙 돌며 주기적으로 태양 근처에 다가왔다가 멀어지는 얼어붙은 가스와 먼지도 있다!

혜성의 중심에는 얼음으로 덮힌 암석으로 된 머리 또는 핵nucleus이 있다. 혜성이 태양에 가까워지면서 태양의 복

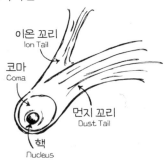

이온 꼬리
Ion Tail

코마
Coma

먼지 꼬리
Dust Tail

핵
Nucleus

사에너지로 인해서 녹고 증발하는데, 이 증발로 핵 주위에 흐린 후광이나 코마coma(혜성의 핵 주위를 둘러싸고 있는 성운과 같은 덮개)가 형성된다. 혜성에 부는 태양풍은 때때로 길이가 수백만 마일에 달하는 혜성 꼬리를 만들어낸다.

혜성의 궤도는 타원형이다. '단주기 혜성'은 태양을 공전하는데 약 2백 년, 혹은 그보다 더 적은 시간이 걸린다. 반면에 '장주기 혜성'은 태양을 한 바퀴 도는 데 수천 년 혹은 그보다 더 오랜 시간이 걸린다.

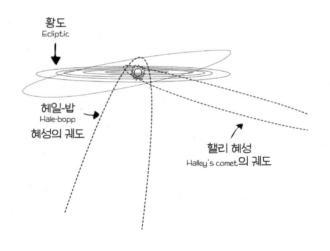

예를 들어 핼리 혜성Halley's comet은 76년마다 태양으로 돌아오는 단주기 혜성이다. 반면에 1996년과 1997년에 나타난 혜일-밥hale-bopp 혜성은 약 4천 년에 한 번 태양을 방문하는 대표

적인 장주기 혜성이다.

많은 단주기 혜성들은 카이퍼 벨트에서 온 것으로 추정된다. 아마도 큰 카이퍼 물체들 간의 충돌로 인해서 이들 중 일부가 규칙적인 궤도를 벗어나서 태양 방향으로 떨어졌을 것이라는 추측이다.

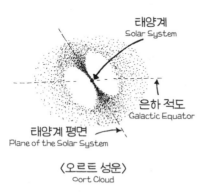

태양계
Solar System

은하 적도
Galactic Equator

태양계 평면
Plane of the Solar System

〈오르트 성운〉
Oort Cloud

그러나 장주기 혜성의 기원은 확실하지는 않다. 태양으로부터 약 5만 AU 떨어진 거리에 태양계를 둘러싼 오르트 성운 Oort Cloud이라는 혜성 물질로 된 거대한 성운에서 왔을 거란 가능성은 있다.

* 유성체 -> 별똥별 -> 운석

혜성이 태양 주위를 돌면서 지나간 자리에는 유성체meteoroids라는 흔적이 남는다. 이 유성체들 중 일부는 태양 주위를 도는 궤도를 갖는데, 때때로 이 궤도는 지구 궤도와 교차한다. 그래서 우리는 일 년 중 특정한 시점에서 특정 유성체를 만나게 된다. 유성체가 지구 대기권으로 들어오면 유성meteor이 되고, 대기권 내의 하늘에서 떨어지면서 대기와의 마찰로 인해서 '별똥별'이

된다. 또 만약 그것이 지구 표면에 도달하면 '운석'이 된다.

별똥별은 맑고 어두운 밤하늘에서 일 년 내내 종종 볼 수 있지만, 일 년 중 별똥별을 볼 수 있는 가장 좋은 시기는 '주요 유성우year's major meteor showers'가 있을 때이다.

예를 들어, 1월 3일 지구의 밤하늘에는 사분의자리 유성우Quadrantids가 내린다. 이 유성우는 한때 사분의자리로 알려진 고대 별자리와 연관되어 사분의자리라는 이름이 붙여졌다. 오늘날 사분의자리 유성우는 헤라클레스자리, 목동자리, 용자리가 모여 있는 북반구 비주극성 하늘에서 가장 잘 볼 수 있다.

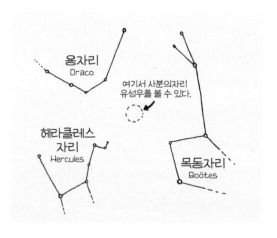

용자리
Draco

여기서 사분의자리
유성우를 볼 수 있다.

헤라클레스
자리
Hercules

목동자리
Boötes

지구에는 8월 12일을 전후로 하여 약 5일 동안 페르세우스자리 유성우Perseids가 내린다. 페르세우스자리 유성우라는 이름

페르세우스자리 유성우Perseids 는 여기서 출현한다.

⟨페르세우스자리⟩
Perseus

은 이 유성우가 북반구 비주극성 별자리인 페르세우스자리Perseus 에서 출현하기 때문에 붙여졌다. 페르세우스자리 유성우는 *스위프트-터틀 혜성Comet Swift-Tuttle 이 지나간 곳에 남겨진 유성체이다. 이 혜성은 1992년 여름을 가장 최근으로 태양과의 근일점을 지나갔다.

10월 21일경에는 오리온자리 유성우Orionids가 내린다. 오리온자리 유성우라는 이름은 이 유성우가 천구 적도에 있는 오리온자리Orion에서 출현하기 때문이다. 오리온자리 유성우는 **핼리 혜성Halley's Comet 이 지나간 곳에 남

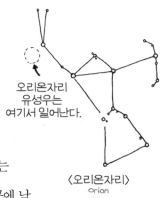

오리온자리 유성우는 여기서 일어난다.

⟨오리온자리⟩
Orion

겨진 유성체이다. 핼리 혜성은 1986년 2월을 가장 최근으로 태

•••

* 스위프트-터틀 혜성: 1862년 미국의 천문학자 루이스 스위프트Lewis Swift와 호레이스 터틀 Horace Tuttle이 각자 독립적으로 발견한 혜성이다. 혜성의 주기는 약 133년이다

** 핼리 혜성: 혜성의 주기와 다음 접근 시기를 예측한 애드먼드 핼리Edmond Halley의 이름을 딴 단주기 혜성이다. 혜성의 주기는 약 76년이다

양과의 근일점을 지나갔다.

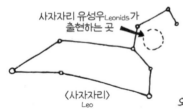

사자자리 유성우Leonids가
출현하는 곳

〈사자자리〉
Leo

11월 17일경에는 태양 주위를 도는 지구 궤도가 사자자리 유성우Leonids와 만난다. 사자자리 유성우는 황도 12궁 별자리 중 하나인 사자자리에서 출현하는 유성우이다. 이 유성우는 *템펠-터틀 혜성Comet Tempel-Tuttle이 지나간 곳에 남겨진 유성체이다. 템펠-터틀 혜성은 1998년 2월을 가장 최근으로 태양과의 근일점을 지나갔다(1998년에 지나간 이 혜성 때문에 1999년 사자자리 유성우는 거의 유성 폭우 수준이었고, 특정 장소에 수천 개의 별똥별이 떨어져 내렸다).

태양 주위를 도는 지구 궤도는 12월 14일을 전후로 하여 약 3일 동안 쌍둥이자리 유성우geminids와 만난다. 쌍둥이자리 유성우라는 이름은 이 유성우가 황도 12궁 별자리 중 하나인 쌍둥이자리에서 출현하기

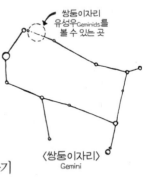

쌍둥이자리
유성우Geminids를
볼 수 있는 곳

〈쌍둥이자리〉
Gemini

• • •

때문이다. 쌍둥이자리 유성우는 혜성이 아니라 쌍둥이자리 유성우와 편심 궤도eccentric orbit(완벽한 원이 아닌 궤도)가 완벽하게 일치하는 페이톤Phaeton이라는 소행성의 파편일 것으로 추정된다.

유성이 되기 위해서 대기 중으로 들어오는 파편들은 보통 매우 작다(주로 먼지 알갱이 정도 크기이다!). 하지만 드물게 하늘에서 눈부시게 타면서 떨어지는 불덩이처럼 보이는 아주 큰 운석들도 있다. 이 불덩어리는 때때로 낮에 볼 수 있을 정도로 밝다.

<예언자로서의 혜성>

수많은 문화권에서 혜성과 유성은 일식이나 월식과 마찬가지로 악의 징조였다. 주로 악성 전염병, 전쟁 또는 왕의 죽음과 같은 재앙을 예견하는 것으로 여겼다. 1456년 십자군전쟁 중에 출현한 핼리 혜성과 관련된 유명한 일화가 있다. 당시 교황이었던 칼리스토 3세Callixtus III는 혜성을 흉조로 여겨 파문(로마 가톨릭교회에서 교리나 윤리상 중대한 잘못을 저지른 기독교인을 공동체로부터 축출하는 조치)하기까지 했다! 그러나 몇 가지 예외도 있다. 예를 들어 나미비아Namibia의 !쿵족!Kung people 들은 혜성의 출현을 좋은 징조라고 여기는 매우 특이한 입장을 취했다. 이와 유사하게 율리우스 카이사르Julius Caesar가 죽은 직후에 혜성이 나타나자, 로마의 새 황제 아우구스투스Augustus는 이 혜성을 카이사르가 천국에 가서 신의 반열에 올랐다는 표시라고 선언했다. 그 이후로 로마 신전에서는 그 혜성을 계속 숭배했다는 이야기가 전해지고 있다.

은하

Galaxies

* 은하수와 안드로메다 은하

보통 육안으로 보이는 밤하늘의 별들은 모두 우리 은하인 은하수the Milky Way에 속한다. 예를 들어 마젤란 은하(성운)Magellanic Clouds는 은하수를 돌고 있는 더 작은 은하인데, 보통 남반구의 주극하늘에서 볼 수 있다.

밤하늘에서 육안으로 볼 수 있는 가장 먼 물체는 안드로메다 은하Andromeda Galaxy, M31이다. 북반구 비주극성인 안드로메다 별자리에서 볼 수 있는 이 은하는 주로 가을에 흐릿한 빛 조각의 형태로 나타난다.

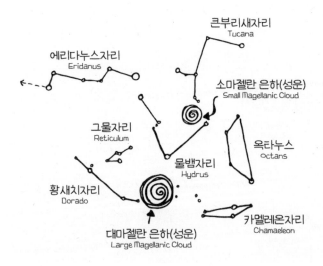

큰부리새자리
Tucana

에리다누스자리
Eridanus

소마젤란 은하(성운)
Small Magellanic Cloud

그물자리
Reticulum

옥타누스
Octans

물뱀자리
Hydrus

황새치자리
Dorado

대마젤란 은하(성운)
Large Magellanic Cloud

카멜레온자리
Chamaeleon

수많은 작은 은하들에 둘러싸인 은하수와 안드로메다 은하는 우리 지역에서 가장 큰 두 개의 은하이며, 20개 이상(상대적으로) 가까이에 있는 은하들로 이루어진 국부 은하군Local Group이다.

은하군Groups of galaxies은 더 나아가 수백, 수천 개의 은하를 포함할 수 있는 은하단galaxy clusters으로 결합된다. 우주에서 이들은 중력에 의해 서로를 끌어당겨서 함께 움직인다. 우리 은하가 속한 국부 은하군은 수만 개의 은하를 포함하는 거대한 처녀자리 성단Virgo Cluster에 속한다.

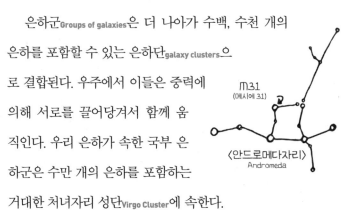

M31
(메시에 31)

〈안드로메다자리〉
Andromeda

* 다양한 크기와 모양의 은하

은하는 여러 모양과 다양한 크기가 있다.

타원형 은하
Elliptical

타원형 은하Elliptical galaxies는 구 모양이며 밝은 중심을 가지고 있고, 주로 오래된 별들로 구성되어 있다.

나선 은하
Spiral

나선 은하Spiral galaxies는 측면에서 보면 납작하고 원반 모양이지만 위에서 보면 원형의 나선형 패턴을 보인다. 나선 은하는 분자구름과 성운, 오래된 항성과 새로운 항성 모두를 포함한다.

막대 나선형
Barred Spiral

막대 나선형barred spirals이라고 불리는 나선 은하는 가스 물질의 기류가 중심부 양쪽으로 막대 형태로 튀어나와 있고 그 막대의 두 끝에 나선형 팔이 연결된 모양이다.

그리고 평평한 원반 모양으로 생겼지만 나선형 무늬가 없는 은하를 불규칙 은하irregular galaxies라고 부르며 주로 어린 별과 성운으로 이루어져 있다.

은하수와 안드로메다 은하는 둘 다 나선형, 원반 모양의 은하로, 공통된 중심을 기준으로 회전하는 수천억 개의 별이 이 은하에 속한다. 은하수의 중심은 우리와 약 2만 6천 광년 정도 떨어져 있고, 우리는 은하수의 중심을 약 2억 5천만 년에 걸쳐서 회전한다. 은하수 중심에는 황도 12궁 중의 하나이자 주로 늦여름에 볼 수 있는 궁수자리Sagitarius가 있고, 달이 없는 밤에는 맑고 흐릿한 빛의 띠 형태로 볼 수 있다.

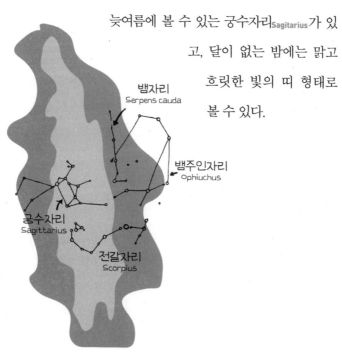

뱀자리
Serpens cauda

뱀주인자리
Ophiuchus

궁수자리
Sagittarius

전갈자리
Scorpius

제5장
천문학 주기,
아는 척하기

앞서 우리는 태양의 궤도가 지구의 계절과 일 년의 길이를 어떻게 결정하는지 살펴보았다. 그런데 그것 말고도 다른 천문학적인 주기도 시간을 표시하는 방법으로 쓰인다.

달

THE MONTH

* 양력과 음력을 합치려던 여러 시도들

음력 한 달은 연속적인 두 그믐 사이의 시간을 말하는데 약 29.5일에 해당한다. 달과 달의 위상phase의 가시성과 신뢰성 때문에 인간들은 수천 년 동안 한 해를 음력달(태음월) 단위로 나누었다(실제로 달moon과 달month은 모두 인도유럽어에서 유래했는데, 그 언어 기원이 너무 오래된 나머지 문자 언어보다 먼저 생겨났다).

양력과 음력을 합치려고 여러 번 시도했지만 상당히 어려웠다. 고대 바빌로니아인들은 음력을 주된 기반으로 한 달력, 태음태양력lunisolar을 최초로 개발했지만 양력을 수용하기 위해 치윤intercalary months, 즉 '윤달leap months'을 자주 덧붙였다.

고대 이집트인들은 음력 한 달을 29.5일에서 30일로 늘리는 방법을 생각해냈다. 한 달을 30일로 하여 12개 달로 360일을 만들었고, 거기에 5개의 종교적인 날을 추가했다. 이것은 4년마다 한 번씩 윤일leap day을 추가해야 할 필요가 있다는 것을 깨닫기 전까지는 꽤 괜찮았다(이 아이디어는 너무 급진적이어서 기

단 한 가지 문제는 한 달을 29.5로 계산한 음력 12달(354일)은 양력의 한 해(365일)보다 11일 정도가 짧다는 것이다. 그리고 음력 13달(383.5일)은 양력의 한 해(365일)보다 18일 정도가 길다는 것이다.

원전 3세기에 이집트의 왕 프톨레마이오스 3세에 의해서 처음 제안된 이후 거의 200년 동안 채택되지 않았다).

결국 로마인들은 이집트인들의 '태양년' 개념을 채택했다. 그들은 고르디우스의 매듭Gordion knot을 잘라(대담한 결정을 내려) 해와 달의 문제를 해결한 것이다! 단순히 달month의 길이를 조정했고 달moon의 위상 변화 주기를 기준으로 했던 한 달month을, 오늘날 현대 달력이 물려받은 달month의 개념으로 바꾸었다.

오늘날 유대인과 중국인은 그들의 전통달력에 태음태양력을 추가해서 사용하고 있지만, 이슬람 달력에는 오로지 음력뿐이다. 이슬람 달력은 엄격히 음력만을 고수하고 있고 양력은 중요하게 여기지 않는다. 이것 때문에 이슬람의 달은 양력과는 다른 시간, 다른 계절을 가리킨다.

주

THE WEEK

* 주 7일의 기원

다른 시간의 길이에 비하면 주week의 길이는 상당히 임의적인
것으로 보인다. 한때 고대 아시리아인Assyrians들은 한 주를 6일,
로마인들은 8일, 그리스인과 이집트인들은 10일로 정했다.

어떤 역사학자들은 주 7일의 기원을 바빌로니아인Babylonians
에게서 찾는다. 또 다른 학자들은 주 7일이 성서의 7일 창조로
부터 왔으며, 이는 즉 히브리인Hebrews에게서 유래되었다고 믿
는다. 바빌로니아에서 포로로 있었던 히브리인들이 바빌로니
아인의 주 7일 체계를 채택했을 가능성도 높다. 아무튼 그 정확
한 기원과는 상관없이 주 7일제는 결국 고대사회에 널리 퍼져

나갔다. 그리고 주 7일은 음력달의 주요 단계와 함께 간다.

그믐
New Moon

상현달
First Quarter

보름달
Full Moon

하현달
Last Quarter

그믐으로 시작하는 첫째 주, 상현달 단계의 둘째 주, 보름달 단계의 셋째 주, 그리고 하현달 단계의 넷째 주.

그러나 많은 고대 문화권에서는 태양, 달, 그리고 신들의 이름을 딴 5개의 행성이 날짜와 시간을 지배한다고 믿었다. 이에 따라서 그리스인들은 주의 7일을 태양, 달, 행성의 이름을 따서 불렀다. 로마인과 노르웨이인들은 그들 자신의 언어와 신화에 따라서 이름을 바꾸긴 했지만, 역시 그리스인들의 방법을 따랐다. 오늘날 우리도 이것을 그대로 사용하고 있다.

* 7일의 어원

태양

그리스인들은 주의 첫 번째 날을 'hemera Helio, 태양의 날'이라고 명명했다. 로마인들은 이것을 라틴어로 'dies Solis'로 번역했다. 앵글로색슨족들은 이를 'Sunnandaeg'라고 불렀고, 이것이 현대 영어의 'Sunday, 일요일'이라는 단어의 어원이다.

또 주의 둘째 날을 'hemera Selenes, 달의 날'
이라고 명명했다. 로마인들은 이것을 'dies Lunae'
라고 번역했고, 앵글로색슨족들은 'Monandaeg'
라고 번역했다. 오늘날 영어의 'Monday, 월요일'이 이

단어에서부터 유래했다.

달

그리스인들은 주의 셋째 날을 그리스 전쟁의 신, 아레스Ares
의 이름을 따서 'hemera Areos, 아레스의 날'이라고 명명했다. 로
마 신들 중에서 그리스의 아레스에 해당하는 신이 마르스Mars이
고, 로마인들은 이날을 'dies Martis, 마르스의 날'이라고 불렀다.

북유럽 신화에서 로마의 신 마르스에 해당하는 신
은 티르Tyr이고, 이것이 앵글로색슨에서는 티우Tiw
로 발전했다. 앵글로색슨의 티우의 날, 'Tiwsdaeg'
가 오늘날 영어의 'Tuesday, 화요일'이 되었다.

마르스
Mars

그리스인들은 주의 네 번째 날을 그리스의 여
행, 상업, 도둑, 간교함의 신인 헤르메스Hermes의
이름을 따서 'hemera Heru, 헤르메스의 날'이라
고 이름 붙였다. 헤르메스에 해당하는 로마 신
은 머큐리Mercury이고, 로마인들은 이날을 'dies

머큐리
Mercury

Mercurii, 머큐리의 날'이라고 불렀다. 이에 상응하는 북유럽의 신은 보덴Woden이고, 앵글로색슨의 '보덴의 날, Wodensdaeg'에서 오늘날 영어의 'Wednesday, 수요일'이라는 단어가 되었다.

그리스인들은 주의 다섯 번째 날을 그들의 최고 신이자 천둥과 하늘의 신인 제우스Zeus의 이름을 따서 'hemera Dios, 제우스의 날'이라고 이름 붙였다. 제우스에 해당하는 로마 신은 주피터Jupiter

주피터
Jupiter

이고, 로마인들은 이날을 'dies Jovis, 주피터의 날'이라고 불렀다. 이에 상응하는 북유럽 신은 토르Thor이고, 앵글로색슨의 '토르의 날, Thorsdaeg'에서 오늘날 'Thursday, 목요일'이라는 단어가 유래했다.

그리스인들은 주의 여섯 번째 날을 그리스 사랑의 여신, 아프로디테의 이름을 따서 'hemera Aphrodites, 아프로디테의 날'이라고 이름 붙였다. 아프로디테에 해당하는 로마 신은 비너스Venus이고, 로마인들은 이날을 'dies

비너스
Venus

Veneris, 비너스의 날'이라고 불렀다. 이에 상응하는 북유럽의 신은 프레이야Freya로, 이것이 앵글로색슨의 프리그Frigg로 진화했고, 앵글로색슨의 '프리그의 날, Frigesdaeg'에서 오늘날 영어의 'Friday, 금요일'이라는 단어가 유래했다.

ㅎ

새턴
Saturn

마지막으로 그리스인들은 주의 일곱 번째 날을 제우스의 아버지인 타이탄Titan, 크로노스Cronos의 이름을 따서 'hemera Khronu, 크로노스의 날'이라고 이름 붙였다. 크로노스에 해당하는 로마 신은 새턴Saturn이고, 로마인들은 이날을 'dies Saturni, 새턴의 날'이라고 불렀다. 북유럽에서는 이날은 새롭게 표현하지 않았다. 앵글로색슨의 '새턴의 날, Saetrdaeg'에서 'Saturday, 토요일'이라는 단어가 유래했다.

하루, 날, 시간은
어떻게
만들어질까?

✻ 하루를 규정하는 방법

하루를 규정하는 방법은 실제로 여러 가지가 있다. 놀랍지 않은

가? 항성일sidereal day은 약 23시간 56분으로 멀리 있는 별들을 기

준으로 지구가 자전하는 데 걸리는 시간을 의미한다. 태양일solar

day은 태양을 기준으로 지구가 자전하는 데 걸리는 시간이다. 1

태양일은 평균적으로 24시간으로, 1 항성일에 지구가 태양 공

전 궤도를 따라서 움직이기 때문에 동일한 자오선(북극과 남극, 관찰자

의 천정을 지나는 남북 방향의 상상의 선)에서 바라본 태양의 위치가 날마다 아주

조금씩 달라지는 것을 따라잡기 위해서 약간의 추가 시간을 더

한다. 사실 지구가 태양을 기준으로 자전하는데 걸리는 시간은 지구 자전축의 기울기와 타원 공전 궤도, 이 두 가지 요인 때문에 일 년 내내 계속해서 변화한다.

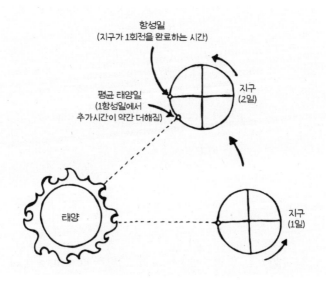

지구가 태양을 완벽한 원형 궤도를 따라서 공전하고, 지구의 자전축이 그 궤도에 수직인 대체 태양계Alternative solar system를 상상해보자. 그렇다면 태양일은 항상 24시간일 것이고, 낮과 밤은 길이가 항상 같을 것이며, 태양의 경로는 항상 천구 적도를 따라갈 것이다. 태양은 항상 정오에 동일한 천체 자오선을 지나고, 일출과 일몰 또한 매일 같은 시간일 것이다.

대체 태양계

실제 태양계

그러나 실제 태양계에서는 지구의 자전축 기울기 때문에 하늘을 가로지르는 태양의 겉보기 경로가 일 년 내내 변화한다. 북반구에서는 하지에 태양의 경로가 가장 높은 최북단에 있으며, 동지에는 가장 낮은 최남단에 있다. 남반구는 그와 정반대이다. 그 결과, 지구의 어느 지점에서나 태양 경로의 길이는 일 년 내내 변하고, 태양이 하늘을 가로지르는 데 걸리는 시간 또한 변한다.

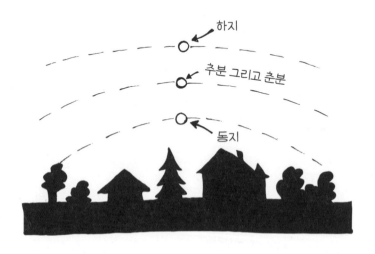

하지

추분 그리고 춘분

동지

* 평균 태양일을 측정하는 방법

게다가 '케플러의 두 번째 법칙'에 따르면 타원 공전 궤도상에서 태양과 지구 사이의 거리가 일정하지 않고 계속해서 변하는데, 이것은 지구의 공전 속도에 영향을 미친다. 지구는 겨울에 태양에 가까운 근일점에서 공전 궤도를 따라 조금 더 빠르게 움직이고, 여름에 태양과 먼 원일점에서 지구는 공전 궤도상에서 조금 더 천천히 움직인다.

이 두 가지 효과를 합한 결과 태양일은 규칙적으로 불규칙하다는 점을 알 수 있다. 일 년 동안 태양일의 길이는 빠를 때는 24시간보다 무려 16분이나 더 앞서기도 하고, 늦을 때는 24시간보다 14분 더 늦기도 한다. 이러한 변화들은 1년 동안에 서로를 상쇄시켜서 1 태양일은 평균적으로 약 24시간이 된다. 이것은 우리가 세계 표준으로 사용하는 시간으로 평균 태양일이라고 한다.

평균 태양일을 측정하기 위한 주요 세계 표준을 국제 표준시Universal Time, UT 또는 그리니치 표준시Greenwich Mean Time, GMT라고 한다. 그리니치 표준시는 영국 그리니치에 있는 경도 0도의 *본초 자오선prime meridian 위에 세워진 왕립 그리니치 천문대의 이름에서 왔다.

• • •

*   본초 자오선: 지구의 경도를 결정하는 데 기준이 되는 자오선.

1884년에 항법, 상업, 천문학적 측정을 위한 국제 시간대의 단일 표준을 만들기 위해서 국제 자오선 회의International Meridian Conference가 열렸는데, 거기서 그리니치 자오선Greenwich meridian이 본초 자오선prime meridian으로 채택되었다. 그 결과, 태양이 본초 자오선을 지나는 평균 시점이 정오 12:00 UT가 되었다.

기본적으로 지구의 경도 360도를 24시간대로 나누고, 지방 표준시local standard time는 본초 자오선의 동쪽으로 갈수록 각 시간대마다 국제 표준시에서 1시간씩 추가하고, 서쪽으로 갈수록 1시간씩 빼는 것으로 결정되었다.

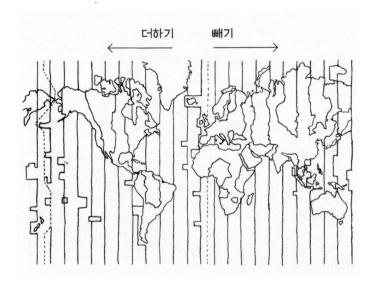

또 진태양일true solar day(태양을 기준으로 지구가 자전하는 데 걸리는 실제 시간)과 평

균 태양일(일 년을 주기로 매일 변화하는 진태양일을 일 년으로 평균한 시간)의 차이를 균시차 Equation of Time 라고 한다. 정오 12시 UT 10분 전에 태양이 본초 자오선에 도달하면 균시차는 +10이다. 정오 12시 UT 10분 후에 태양이 본초 자오선에 도달하면 균시차는 −10이다.

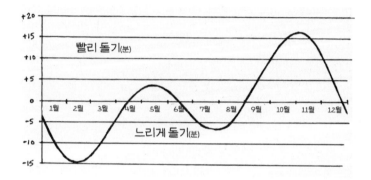

1년 중 4일(4월 16일, 6월 15일, 9월 1일, 12월 25일)만 균시차가 0이다. 이날들은 진태양일과 평균태양일이 모두 24시간이다. 또한 이날에는 정오 12시 UT에 태양이 본초 자오선 바로 위에 있고, 지방 표준시로 정오 12시에는 태양이 각 지역의 표준 자오선 바로 위에 있다.

* *아날렘마analemma

진태양시와 평균태양시 간의 차이 때문에 해시계는 기계 시계와 다른 시간을 알려준다. 만약 1년 동안 매일(기계시계기준) 같은 시간에 해시계의 그림자를 표시한다면 아날렘마Analemma라고 알려진 길쭉한 8자 형태를 보게 될 것이다. 1년 동안 매일 같은 시간 태양을 찍은 시간 경과 사진 또한 같은 그림일 것이다.

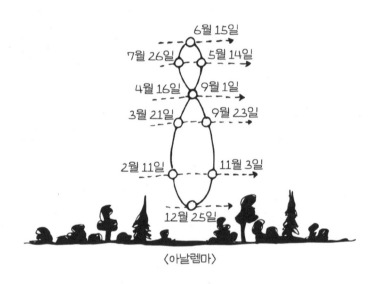

〈아날렘마〉

한때는 균시차와 더불어 남회귀선과 북회귀선 사이의 태양 경로를 나타내기 위해서 아날렘마가 일반적으로 지구본 위에

•••

* 아날렘마: 태양의 궤도 경사각과 균시차를 나타내는 8자형의 눈금자

그려져 있었다.

아날렘마의 높이는 태양 높이의 변화를 나타낸다. 북회귀선 북부와 남회귀선 남부 위도에서는 태양이 관찰자 바로 위에 있는 일은 절대 없을 것이다. 회귀선 북쪽의 관측자에게는 태양이 항상 남쪽 하늘의 자오선을 지나는 것으로 보이고, 회귀선 남쪽의 관측자에게는 태양이 항상 북쪽 하늘의 자오선을 지나가는 것으로 보일 것이다. 회귀선 사이의 위도에서는 태양이 일 년에 두 번, 머리 바로 위로 떠오를 것이다.

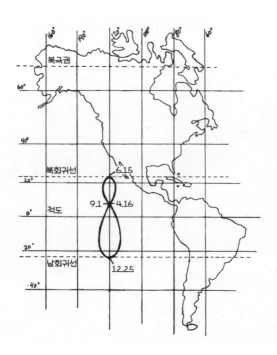

아날렘마의 폭은 균시차를 나타내며, 수직선은 평균 태양 정오mean solar noon를 나타낸다. 선과 아날렘마가 만나는 곳에는 균시차가 0이다. 우리가 가지고 있는 시계에 의하면 태양이 본초 자오선을 넘을 때 정오 12:00 UT이다. 하지만 아날렘마가 갈라진 곳에서는 실제로 태양이 정오 12시 UT에 본초 자오선 앞에 있거나 뒤에 있다.

제6장

우주에서의 우리 위치는?

우리 초기 조상들이 살았을 때를 상상해보자. 하루하루의 생존이 지적인 탐구보다 우선되어야 했을 때, 그들에게 하늘은 세계에서 가장 신비로운 것으로 보였을 것이다.

실용적이지만
아직도 신비로운
천문학

* 천문학과 관련된 대답하기 어려운 질문들

1. 하늘을 가로질러 여행하며 빛을 밝혀주는 태양은 정확히 무엇일까? 또는 완전히 사라질 때까지 줄어들었다가 아무것도 없는 것에서 다시 나타나길 반복하면서 밤을 밝혀주는 달은 무엇일까?

2. 밤하늘에서 동물이나 신화에 나오는 신비한 형체를 묘사하는 것처럼 보이는 별자리들, 혹은 규칙성을 가지는 다른 별들과 달리 마치 그들 자신의 의지로 움직이는 것처럼 보이는 행성들

이 만드는 그 빛들은 무엇으로 보였을까?

3. 이들은 얼마나 멀리 있을까?

4. 거기에 우리처럼 살아 있는 생물이 있을까, 아니면 신들이 있을까?

대답하기 어려운 질문들이 너무 많이 있지만 한 가지는 분명하다. 우리가 서 있는 이곳은 우리가 보기에 하늘에서 움직이는 것들(해, 달과 별)의 움직이지 않는 중심이다. 적어도 이것은 우리의 눈에 보이는 명백한 사실이다.

그렇게 생각하던 당시에도 인류는 하늘의 패턴과 한 해의 주기에 대해서 잘 알고 있었다. 초기 인류가 사냥과 채집에서 농경으로 생활방식을 바꾸면서 천문학적인 주기는 농작물을 경작하고 씨를 뿌리고 수확하는 농업 주기에도 영향을 미쳤다.

기원전 9세기, 그리스 시인 헤시오도스Hesiod는 그의 시 '일과 날The Works and Days'에서 가을에 수확물을 거두어들이고, 봄에 다시 쟁기질을 하라고 그의 동생에게 충고한다.

"아틀라스Atlas의 딸들인 플레이아데스Pleiades가 뜨거든
수확을 시작하고, 그들이 지기 시작하면 쟁기질을 시작해라."

밤하늘에 대한 이해는 바다에서 천문 항법으로도 사용되었다. 주극성은 북쪽, 남쪽, 동쪽, 서쪽의 주요 지점을 결정하는데 사용되었다. 항해사들은 각 시기의 비주극성들의 위치를 알아, 이것을 토대로 자신의 위치를 대략적으로 알 수 있었다. 이것은 그리스 시인 호머Homer가 쓴 《오디세이아The Odyssey》에서 바다의 오디세우스Odysseus를 묘사한 시문에서도 엿볼 수 있다.

> "오디세우스는 줄곧 플레이아데스Pleiads와 늦게 지는 목동자리
> Boötes, 그리고 큰곰자리를 바라보고 있었다. 사람들이 북두칠성이
> 라고도 부르는 큰곰은 같은 자리를 돌며 오리온을 마주보고 있다."

* 실용적이지만 신비로운 천문학

천문학에 대한 이해는 매우 실용적이었지만 신비로운 측면도 있었다. 만약 태양에 의해서 계절이 결정되고, 달에 의해서 조수가 결정된다면, 별자리에 의해서 농작물의 수확이 결정되는 것으로 해석할 수는 없을까?

우리 조상들은 황도 12궁 별자리와 신이라고도 볼 수 있는 행성들이 하늘에 만드는 패턴을 중요하게 생각했다. 국가와 개인의 운명에 영향력을 발휘한다고 생각할 정도였다. 이러한 믿음을 기반으로 천문학과 점성술은 수천 년 동안 미신과 함께

발전해왔다.

고대의 다양한 민족들은 점성술로 그들의 미래를 예측하려고 했을 뿐만 아니라, 천문학적 주기를 이용하여 날, 주, 달, 계절, 해를 측정하기 위해서 하늘의 별자리를 형상화하는 그들만의 체계를 개발해왔다.

고대 메소포타미아Mesopotamia(기원전 4000년~ 450년 사이)의 수메르 문명Sumerian과 바빌로니아 문명Babylonian은 천문학과 점성술의 시초이자 가장 큰 영향을 미친 문명이다. 메소포타미아인들은 태양과 달의 위치를 신중히 관찰하여 처음으로 음력 달과 양력 달을 합쳤고, 오늘날까지 우리가 사용하는 황도 12궁 별자리를 처음으로 개발했다.

우리가 10을 기본으로 하는 표준 10진법이 아닌 60을 기본으로 하는 60진법을 계승한 것도 이 문명에서 비롯된 것이다. 60진법은 원을 360도로 나누고, 한 시간을 60분, 일 분을 60초로 나눈다. 60진법은 시간을 측정하는 데 사용될 뿐만 아니라 지구와 천구를 그리는 데도 사용된다.

지구가 우주의
중심이었던
시기

＊ 수학에서 우주의 신비에 대한 답을 찾다!

피타고라스
Pythagoras

기원전 6세기에 이르러 메소포타미아 천문학이 그리스로 전해졌다. 그리스의 철학자 피타고라스Pythagoras(대략 기원전 580~500년)와 그의 추종자인 피타고라스학파들은 수학이라는 언어 안에서 우주의 신비에 대한 궁극적인 해답을 찾을 수 있다고 믿었다. 사실 우주의 근본적이고 조화로운 질서를 가리키는 코스모스cosmos(우주)라는 단어는 피타고라스가 만들었다.

피타고라스와 그의 추종자들은 원과 구는 중심에서 모든 바깥 점까지의 거리가 동일하다는 점에서 기하학적이고 신적인 완벽함을 나타낸다고 믿었다. 그들은 우주 그 자체가 완벽하고 질서정연하다고 믿었기 때문에, 태양, 달, 그리고 다섯 개의 행성이 모두 완벽한 구라고 믿었다.

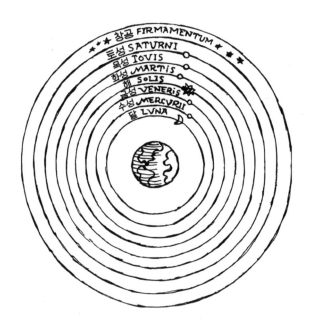

이 견해는 후에 철학자 아리스토텔레스Aristotle(기원전384~322년)와 천문학자 에우독소스Eudoxus(기원전408~355년)에 의해서 이어져 왔다. 그들은 지구가 우주의 움직이지 않는 중심이라고 믿었다. 중심이 같은 8개의 투명한 구에 각각 별과 천체가 붙어 있고 그 구가 지구를 둘러싸고 지구 궤도를 돌고 있다고 생각했다.

* 시대를 앞선 아리스타르코스의 지동설

놀랍게도 사모스의 아리스타르코스Aristarchus of Samos(대략 기원전310~250년)는 시대를 앞서 지동설을 주장했고 지구 중심의 우주 모델, 즉 천동설에 동의하지 않았다. 아리스타르코스는 월식 기간 동안 달에 비친 지구의 그림자를 관찰해, 지구가 24시간마다 한 번씩 자전하고 있고 다른 행성들과 함께 태양 주위를 도는 행성이라고 판단했다. 다시 말하면 태양계는 태양 중심적, 즉 지구가 아니라 태양을 중심으로 하고 있다고 주장했다.

또한 그는 태양이 행성보다 훨씬 크고, 매우 멀리 떨어져 있는 항성이라고 생각했다. 하늘에 보이는 다른 별들도 항성이며, 태양보다 훨씬 더 멀리 있다고 판단했다. 하지만 그의 생각은 당시에 거부당했고 거의 1,800년 동안 인정받지 못했다.

꽤 오랫동안 천동설geocentric이 지동설heliocentric에 비해서 우세했지만 행성의 움직임을 관측한 결과를 설명하지 못한다는 결함이 있었다.

하늘의 별들이 일정하고 예측 가능한 속도로 회전하는 동안, 지구에 있는 우리 관점에서 볼 때 행성들은 방랑자와 같다.

일반적으로 행성은 밤에서 다음 날 밤까지 같은 방향으로 이동하는 것처럼 보인다(별을 배경으로 서쪽에서 동쪽으로).

하지만 때때로 역행을 하는데, 행성이 뒤로 움직이는 것을 역행 운동retrograde motion이라고 한다. 이러한 현상은 각각의 행성들이 서로 다른 속도로 태양을 공전하기 때문에 일어난다.

어떤 의미에서 태양계는 거대한 경주용 트랙과 같다. 지구가 다른 행성을 추월할 때, 지구에서 보이는 그 행성의 움직임이 일시적으로 바뀌는 것을 볼 수 있다. 하지만 행성들이 움직이지 않는 지구를 중심으로 지구 궤도를 완벽한 구 형태로 돈다면 행성의 역행 운동을 어떻게 설명할 수 있을까?

* 프톨레마이오스 체계

서기 2세기에 이집트의 알렉산드리아Alexandria의 천문학자 프톨레마이오스Ptolemy가 이에 대한 답을 내놓았다. 그는 그의 책《알마게스트The Amalest(라틴어로 '위대한 일')》에서 천동설 모델에 대해 자세히 설명했다. 지구는 우주의 중심이고, 그 주변을 처음에는 달, 다음에는 수성, 금성, 태양, 화성, 목성, 토성, 그리고 마지막으로 고정된 별의 구가 둘러싸고 있다고 했다.

그는 천체가 완벽한 구로 지구를 돌고 있다기보다는 주전원epicycle(하나의 원 위를 따라서 또 다른 원의 중심이 이동하고 있는 원)이라고 부르던 큰 구에

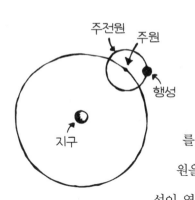

작은 구를 추가했다. 그리고 각각의 주전원의 중심을 '주원deferent'이라고 불렀다. 행성들은 지구의 궤도를 돌면서 동시에 주전원의 주원을 돌았다. 이걸로 때때로 행성이 역행하는 동작을 깔끔하게 설명할 수 있었다.

프톨레마이오스 체계는 천체마다 지켜야 할 규칙이 달라 조금 복잡했다. 그러나 그 체계는 지구를 우주의 중심에 놓고 천구의 움직임을 설명했기 때문에 교회에서 중세시대 동안 채택되었다. 그 결과 그의 주장은 약 1,400년 동안 의심 없이 받아들여졌다.

오랫동안
받아들여지지 않았던
'지동설'

✳ 코페르니쿠스의 지동설

폴란드 천문학자 겸 성직자인 니콜라우스
코페르니쿠스Nicolaus Copernicus (1473~1543)의 지
동설은 그의 걸작《천구의 회전에 관하여
The Revolution of the Heavenly Orbs》라는 책이 1543
년에 출판되면서 다시금 주목 받았다.

〈코페르니쿠스〉

  코페르니쿠스는 행성이 태양 주위를 돌고 지구가 자전한다
면 천체의 움직임을 훨씬 간단하게 설명할 수 있을 것이라고
믿었다. 이것은 별들이 매우 멀리 떨어져 있고, 우주는 우리가

이전에 생각했던 것보다 훨씬 더 크다는 것도 암시하는 것이었다. 하지만 코페르니쿠스는 여전히 태양이 우주의 중심이며, 행성들이 본질적으로 완벽하게 원형의 궤도를 그리면서 태양 주위를 돈다는 잘못된 믿음을 가지고 있었다. 이러한 결점에도 불구하고 그의 공헌은 천문학 사상 큰 도약이었다.

* 갈릴레오 갈릴레이

〈갈릴레오 갈릴레이〉

당시 코페르니쿠스의 지동설은 단지 이론일 뿐이고, 다른 새로운 아이디어들처럼 수많은 반대에 부딪혔다. 이탈리아의 천문학자이자 물리학자인 갈릴레오 갈릴레이Galileo Galilei (1564~1642)는 코페르니쿠스 이론에 찬성하는 몇 안 되는 학자 중 한 명이었다. 갈릴레오는 1609년에 망원경이 발명된 직후, 그 망원경을 개선하여 하늘을 관측하는데 사용했고 전례 없는 발견을 했다. 그것은 다음과 같다.

- 토성의 고리와 지구가 아닌 목성을 공전하는 목성의 위성 4개를 발견했다!
- 달을 연구하여 달은 사실 완벽한 천체라고 할 수 없고 분화구,

산, 계곡으로 덮여 있다는 사실을 발견했다.

- 망원경으로 육안으로 보이지 않는 많은 별들을 최초로 발견했다.

- 금성이 달과 같은 단계를 거친다는 것을 발견했고, 금성이 지구
  가 아니라 태양을 중심으로 돈다는 것을 발견했다.

이 모든 관찰의 결과는 갈릴레오가 오랫동안 인정받아왔던 프톨레마이오스 체계를 불신하고 코페르니쿠스 체계를 지지한다는 것을 보여준다. 그는 1610년에 출간된 저서 《별의 전령The Starry Messenger》에 자신의 새로운 발견을 발표했다.

그러나 수많은 증거에도 불구하고 교회는 여전히 프톨레마이오스 체계만을 인정했다. 갈릴레오의 열정은 곧 그를 곤경에 빠뜨렸고, 결국 1616년에는 교회 당국으로부터 지동설을 수용하고 옹호하는 것을 금지 당했다.

하지만 그는 자신이 지지하는 개념을 자유롭게 고려할 수 있다고 생각했다. 심지어 몇 년 후인 1632년에는 교회 검열관들의 승인을 받은 새로운 책을 발표했는데, 이 책의 인물들은 프톨레마이오스와 코페르니쿠스 체계에 대해서 논쟁하고 토론했다.

그 다음 해 갈릴레오는 70세의 나이로 종교재판에 회부되었다. 재판 후 고문의 위협을 받은 그는 결국 자신의 주장을 철

회할 수밖에 없었다(말 그대로 무릎을 꿇고 지구가 태양 주위를 돈다는 이론을 공식적으로 포기하며,

그것을 믿는다고 공언한 다른 이단자들도 종교 재판에 회부하겠다고 맹세했다).

그는 아마도 우주가 무한하고 신성하다는 믿음 때문에 1600년에 종교 재판을 받고 화형당한 이탈리아의 철학자 조르다노 브루노Giordano Bruno (1548~1600)의 운명을 기억했을 것이다. 비극적으로 갈릴레오는 물러설 수밖에 없었고, 그 후 그는 가택에 연금당한 상태로 여생을 보냈다.

지동설을
입증한
뉴턴의 연구

* 코페르니쿠스를 지지한 케플러

〈요하네스 케플러〉

갈릴레오와 동시대에 살았지만 로마에서 멀리 떨어져 있었던 독일의 천문학자 요하네스 케플러Johannes Kepler (1571~1630년)도 코페르니쿠스 체계를 지지했다. 그가 제시한 증거는 훨씬 더 명확했다.

케플러는 망원경 발견 이전에 체코슬로바키아 프라하에 있는 천문대에서 덴마크의 천문학자 티코 브라헤Tycho Brahe (1546~1601년)의 조수로 일했다. 브라헤의 행성 관측 결과를 연구하던 케플러는 행성들이 타원형 경로로 태양 주위를 돌고 있고, 태양과의 거리가 궤도의 속도를 결정한다고 밝혔다. 또한 이 행성 운동을 보편적인 법칙으로 공식화했다.

〈티코 브라헤〉

코페르니쿠스 체계에 남아 있는 문제들 중 하나는 행성들이 태양 주위를 완벽하게 원형 궤도로 돌고 있다고 가정한 것이었다. 코페르니쿠스는 자신의 이론을 관찰과 맞추기 위해서 프톨레마이오스 체계의 문제 해결책 중 하나였던 '주전원 개념'을 채택해야 했다.

하지만 케플러는 행성이 실제로 타원 궤도와 다양한 속도를 가졌다는 것을 발견했고, 결국 주전원 개념을 완전히 없앨 수 있었다. 따라서 그는 코페르니쿠스 체계를 지지하는 동시에 가장 큰 문제를 해결한 것이다!

케플러는 행성들이 태양 주위를 도는 이유에 대해서 의문을 가졌다. 투명한 천구에 천체가 매달려 있다는 개념은 이제 아무리 좋게 말해도 구식처럼 보였다. 그러면 무엇이 우주를 하나로 묶고 있을까?

케플러는 아마도 태양이 행성에 어떤 종류의 자기력을 가해서 행성이 그들의 궤도를 유지하게 한다는 이론을 세웠다.

그렇기 때문에 행성이 태양에 가까울 때는 더 빨리 움직이고, 태양에 멀리 떨어져 있을 때는 더 느리게 움직인다고 설명했다. 또한 케플러는 달이 바다의 조류에 영향을 미치는 어떤 힘을 가졌다고도 믿었다.

* 지동설을 입증한 뉴턴의 법칙

케플러의 업적에 영감을 받은 영국의 물리학자 아이작 뉴턴 경Sir Isaac Newton (1642~1727년)은 케플러의 아이디어를 더욱 발전시켰다. 뉴턴은 우주를 묶는 힘이 자력이 아니라 사과를 나무에서 떨어뜨리는 힘과 같은 중력이라고 밝혔다!

〈아이작 뉴턴〉

뉴턴의 만유인력법칙Law of Universal Gravitation에 따르면 모든 물체는 다른 모든 물체에 끌어당기는 힘을 발휘하며, 물체가 클수록 물체의 끌어당기는 힘이 커지고, 물체가 멀수록 끌어당기는 힘이 약해진다.

따라서 우리가 먼 우주로 떠가는 것을 막으면서 지구에 머무르게 하는 바로 그 힘은, 지구가 달을 끌어당겨서 우주로 날아가는 것을 막아주는 힘과 같다. 하지만 분명히 중력이 전부는 아니었다. 만약 중력이 전부라면 달은 지구로 추락해야 한다.

뉴턴은 달이 지구로 추락하지 않는 이유를 관성에서 찾았다. 관성의 법칙Law of Inertia은 다른 힘이 작용하지 않는 한 모든 물체가 정지 상태, 또는 움직이는 중이라면 움직이는 상태를 유지하는 경향이 있다고 말했다. 중력이 달을 지구로 끌어내리지 않는 이유는 '관성'이 작용하고 있기 때문이다.

달의 이전 운동 상태에 의한 운동량이 중력에 반대되는 방향으로 작용하고, 동시에 중력은 이 운동량에 반대되는 방향으로 작용을 한다. 따라서 두 힘이 합쳐져 달은 자신의 궤도를 유지하는 것이다. 만약 갑자기 지구의 중력이 없어진다면, 달은 우주 저 멀리 날아가버릴 것이다.

이어서 뉴턴은 타원형 궤도가 사실은 중력과 관성이 함께 작용한 직접적인 결과라고 말했다. 달의 관성에 작용하는 지구의 인력이 달을 타원 궤도에 있게 하는 것과 마찬가지로, 행성의 관성에 작용하는 태양의 인력이 행성을 타원 궤도에 있게 한다는 것이다.

게다가 물체 간의 인력은 거리에 따라 다르기 때문에 태양에 더 가까운 행성들은 더 빠른 속도로 궤도를 돌고, 태양에 멀리 떨어진 행성들은 더 느리게 궤도를 돈다.

뉴턴의 연구가 태양계가 어떻게, 왜 이렇게 움직이는지 설명하면서 마침내 지동설heliocentric이 입증되었다. 그리고 중력은 보편적인 법칙이기 때문에 태양계는 광대한 우주의 한 부분이 자 경이로운 천체 시계의 일부로 작동하는 듯이 보였다!

아인슈타인의
일반
상대성 이론

＊ 중력에 관한 색다른 접근

뉴턴의 중력과 우주에 대한 개념은 200년 동
안 주류였다. 그러나 1915년 독일 태생의
물리학자 알버트 아인슈타인Albert Einstein
(1879~1955년)이 일반 상대성 이론general theory
of relativity을 세상에 발표하면서 중력에
관한 다른 접근법을 내놓기 시작했다.

〈알버트 아인슈타인〉

　아인슈타인은 시간을 3차원 공간과 불가분의 관계에 있는
4차원으로 생각했다. 게다가 이 시공간 연속체의 모양은 균일

하지 않고 질량과 에너지에 의해 구부러져 있는데, 이것은 마치 매트리스 위에 있는 볼링공이 매트리스 표면을 구부러지게 하는 것과도 같다. 태양처럼 큰 물체는 당연히 달과 같은 작은 물체보다 더 큰 시공간의 곡률을 일으킬 것이다.

아인슈타인에 따르면 중력은 전통적인 의미의 힘과는 달리 시공간의 연속체에서 구부러진 공간에 의해 야기된 효과라는 것이다. 예를 들어 지구는 태양으로부터 나오는 중력 때문에 태양 주위를 공전하는 것이 아니라, 오히려 태양이 태양 주변의 시공간을 구부러지게 만들었고 지구는 직선으로 움직이고 있지만 이 구부러진 공간에서 움직이기 때문에 궤도를 따라 움직이는 것처럼 보인다는 것이다!

대부분의 경우 뉴턴의 전통물리학과 아인슈타인의 상대성 이론으로 예측한 것이 동일하지만 항상 그런 것은 아니었다. 예를 들어 아인슈타인은 먼 별에서 지구로 오는 빛은 직선으로 오지만, 태양과 같이 중력이 큰 별 근처에는 시공간이 휘어져 있어서 별의 빛이 구부러질 수도 있다고 예측했다.

물론 보통 사람들은 태양 근처에 있는 별의 빛을 볼 수 없다. 그래서 이 이론을 실험하기 위해서 개기 일식 동안 태양 너머에 있는 별들의 사진을 찍어, 태양의 영향이 사라진 밤에 같은 별들을 찍은 사진과 비교했다. 그 결과 태양의 중력이 별에서 온 빛의 위치를 변화시킨다는 것을 확인했고, 그 정도 또한 아인슈타인이 예측한 것과 정확하게 일치했다.

당시 아인슈타인은 대부분의 사람들과 마찬가지로 우주도 뉴턴이 상상했던 것과 똑같이 시계 장치 같은 정밀도로 작동하고 있다고 추측했다. 즉 여전히 우주를 상당히 기계적인 장소라고 여겼다. 하지만 추후 아인슈타인이 주목한 이론의 결과

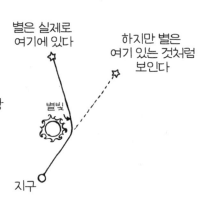

를 당시의 그는 예측하지 못했다. 그 이론의 결과란 만약 전체 시공간 연속체가 휘어져 있다면, 인력은 우주가 크게 수축하거나 사방으로 팽창하고 있는 것을 의미한다. 처음에 아인슈타인은 이것을 실수라고 확신했지만 사실 그가 틀렸다!

* 20세기 과학의 위대한 발견

비슷한 시기인 1920년 중반 미국의 천문학자 에드윈 허블Edwin Hubble (1889~1953)은 캘리포니아 패서디나Pasadena의 윌슨산 천문대Mt.

Wilson Observatory에서 일하고 있었다. 아인슈타인의 일반 상대성 이론을 전혀 알지 못했던 허블은 20세기 과학의 가장 위대한 발견을 했다. 그것은 바로 우주의 팽창이다. 우리가 우주를 바라보는 방식을 다시 한 번 바꾸어놓은 이 발견은 우주가 우주 시간의 특이점, 즉 우리가 빅뱅이라고 알고 있는 시작점이 있었을 것이라고 말해준다.

허블은 은하단 사이의 공간이 팽창하고 있지만 은하와 은하단이 같은 방식으로 팽창하고 있지는 않다는 것을 관찰했다. 이것은 은하와 은하단이 보편적인 팽창의 힘보다 더 강한 중력에 의해서 결합되기 때문이다.

흥미로운 점은 모든 먼 은하들이 우리 은하로부터 사방으로 팽창하고 있는 것처럼 보인다는 것이었다. 이것은 어쩌면 우리 은하가 결국 우주의 중심이라는 의미일까? 그런데 더 놀라운 것은 우주에는 중심이 없다는 사실이다!

우주의
모든 지점이
우주의 중심

* 최초의 우주는 우주의 모든 공간을 포함한다

우리 우주가 생겨난 최초 특이점은 모든 물질, 에너지, 시간, 공간을 포함하고 있었고, 그 특이점밖에는 아무것도 존재하지 않았다. 따라서 최초의 우주는 우주에 있는 모든 공간을 포함하고 있었기 때문에 우주가 단일점에서 비롯되었다고 말하는 것은 부정확할 것이다. 그 결과 우주의 거의 모든 부분이 동시에 우주의 다른 부분으로부터 멀어지고 있다.

다소 어려운 이 개념은 우주의 형상을 풍선의 표면과 비교해본다면 더 잘 이해할 수 있다. 풍선이 팽창하면서 풍선 표면의 어떤 한 점에서 다른 모든 표면 점들이 사방으로 확장되면서 멀어진다. 이것은 풍선 표면의 어떠한 점에서 보아도 동일하기 때문에 풍선의 모든 점이 풍선의 중심이라고 생각할 수 있다. 그렇다면 우주의 모든 지점도 우주의 중심이라고 할 수 있다! 이 발견은 우리가 이 탐험을 시작했던 곳으로 우리를 되돌려 놓는다.

지금으로써는 우리가 우리 우주의 중심이 아니라고 할 논리적인 이유가 없다. 그저 우리는 이 영광을 기꺼이 나머지 우주와 나누면 된다!

생명 그 자체처럼 과학도 목적지가 아니라 여정이다. 사회인류학자인 제임스 조지 프레이저 경Sir James George Frazer은 그의 책 *《황금가지 The Golden Bough(1915)》에서 이렇게 말했다.

"지식의 진보는 영원히 멀어지는 목표를 향해 무한히 전진하는 것이다."

이와 같이 우리의 지적 목표는 우리의 이해를 완성하는 것

•••

* [황금가지: 비교종교학 연구(Golden Bough: A Study in Magic and Religion), The Softback Preview, 영국, 1996.]

이 아니라, 우리의 이해를 계속 확장시키는 것이어야 한다. 여기에 제시된 현재의 이해 단계는 시간 속의 스냅 사진 같은 것에 불과하다. 나는 우리의 여행이 계속되고 탐험이 중단되지 않기를 바란다.

감사의 글

무엇보다도 나에게 영감을 준 9명의 뮤즈, 특히 칼리오페Calliope 와 우라니아Urania에게 고마움을 전하고 싶다. 부모님께도 감사 하고 사랑한다고 전하고 싶다. 훌륭한 삽화를 그려준 나의 누나 사라Sarah에게 정말 감사한다. 귀중한 피드백과 격려를 보내주 신 스미스소니언 국립 항공 우주 박물관Smithsonian's National Museum of Air and Space의 짐 젤만 박사님Dr. Jim Zimbelman께도 정말 감사한다. 그리고 마지막으로 로리Laurie에게 사랑한다고 전하고 싶다. 로 리가 없었다면 이 모든 것이 불가능했을 것이다.

천문학 아는 척하기

초판 1쇄 인쇄 2020년 3월 20일
초판 1쇄 발행 2020년 3월 27일

글쓴이 제프 베컨
그린이 사라 베컨
옮긴이 김다정

펴낸이 박세현
펴낸곳 팬덤북스

기획 위원 김정대 김종선 김옥림
기획 편집 윤수진
디자인 이새봄
마케팅 전창열

주소 (우)14557 경기도 부천시 부천로 198번길 18, 202동 1104호
전화 070-8821-4312 | **팩스** 02-6008-4318
이메일 fandombooks@naver.com
블로그 http://blog.naver.com/fandombooks

출판등록 2009년 7월 9일(제2018-000046호)

ISBN 979-11-6169-110-7 (03440)